与大师一起造园

四季花木搭配手册

[日]黑田健太郎　[日]黑田和义◎著　花园实验室◎译

長江出版傳媒　湖北科学技术出版社

序言

我们家在日本埼玉县开了一家名为"FLORA 黑田园艺"的小型园艺店。在店里接待客人时，我们经常会被问到植物株高、冠幅能达到多少，怎样才能延长它们的寿命，怎样搭配比较好……大多时候这些问题很难在卖苗时就说清楚。于是，我们产生了建造一座让客人一目了然的花园的想法。

弟弟（黑田和义）负责挑选和采购植物，我（黑田健太郎）负责将它们栽种在花园里。每天采购植物、接待客人……这样一边经营园艺店，一边享受建造花园的过程。

从灵光乍现到现在已经有十来个年头，如今，这里完全变成了培育花草的试验场所和实现我们搭配创意的基地。

我们的花园不像公园那么宽阔，花园分为几个专题区域，每个区域都与普通家庭花园的面积差不多。我们希望在建造花园的同时，通过探索，可以找到之前客人们提出的那些问题的答案。比如，在有限的空间里可以选择什么样的植物，怎样搭配能让花园更出彩，等等。早起去花园里巡视是我们兄弟的日常。每天观察植物的生长情况和花园的变化，并简单记录关于植物特性的新发现、各种植物的组合创意、培育失败的点滴等。这本书就是以这些记录为起点而诞生的。虽然我们还有很多东西尚在学习中，但也希望你在造园时能从这本书中获得帮助。

黑田健太郎：

“我最喜欢柔毛羽毛草、蓝花车叶草和绵毛水苏等植物。”

Chapter 1

Chapter 2

Chapter 3

Chapter 4

“FLORA黑田园艺”的花园总览

花园之所以引人注目，在于园中植物在不断成长的过程中会呈现出不同的风采。正式造园之前，了解花园的环境，并根据空间大小来挑选植物很重要。接下来要整体介绍一下我们的花园。

用高位花坛迎接客人

以房屋为背景，在大门前的花坛中用应季的花草迎接客人的到来。这里原本没有花坛，只是在靠近房屋墙面处有一排约20cm高的木桩，在木桩围出来的空间里铺上防草布，再填入土壤，就成了一个高位花坛。花坛宽约2m，位于房屋的东侧，这里上午光照充足，下午变成明亮的背阴处。植物总体以地栽的形式管理，由于这儿通风性很好，因此除了对光照要求高的植物外，其他大多数植物都能适应此处的生长环境。

以房屋的红砖墙为背景，花坛靠后的地方栽种着叶色美丽的小檗属植物和蔷薇科落叶灌木紫叶风箱果等。对于这些植物来说，保持其自然的形态便是最好的，修剪时不需要大刀阔斧，只需轻剪去除碍事的枝条，让枝条间稍微有些空隙即可。

在这些灌木前方种了一年生植物和彩叶植物，旁边的水泥花台上放置着盆栽植物。

休闲屋墙壁上的攀缘植物

花园入口附近有一个休闲屋，这是为了让客人能够一边远观室外卖场，一边悠闲地坐在长椅上休息而建造的。休闲屋的东、南、西面的光照和通风性都非常好，墙壁上以花色鲜红的月季‘优胜美地瀑布’为主角，红色和淡绿色的铁线莲点缀着攀缘而上。

春季，这些攀缘植物给墙壁增色不少，让路过的行人能尽情地观赏。屋外角落的金叶刺槐会在春、夏两季投下美丽的树荫，让访客在小屋内感到分外凉爽。虽然屋中只放置了一张双人长椅，但墙面上还设置了小窗和架子，这是希望以自然乡村风为主题，用杂货装饰花园。

光照良好的小花坛

主路尽头的小屋南侧设了一个门，外面用矮篱笆圈了一块很小的空间，这里不论是光照条件还是通风性都很好，可以挑战一些专属小空间的植物搭配创意。

将多花素馨自然攀缘在矮篱笆上，或者利用可以吊挂的小型盆栽、园艺挂架等对篱笆进行装饰，感受充分利用空间的乐趣。午后逐渐变成背阴处的篱笆内侧种植了迷迭香、生菜等适合半日照环境的香草或叶子菜。小屋门口，与地上铺设的砖块搭配种植着姬岩垂草、阔叶山麦冬等地被植物。小屋的西侧有宽约3m的小花坛，虽然深度有限，但整个白天都有阳光照射，一年下来可以移栽三四次季节性的花草，充分利用植株的高矮层次，让小花坛的春季华丽动人，夏季多彩而凉爽，秋季典雅别致，将花坛的主题交由季节来决定。小屋的东侧在午后会变为一块明亮的背阴处，把这里作为放置组合盆栽的基地，将盆栽的多肉植物、蔬果等和杂货摆放在一起，呈现出古典乡村风，以配合小屋的整体风格。

小屋对面的木栅栏由羽衣素馨和络石打造出一面天然花墙。也许是因为环境格外适宜，攀缘植物在这块小空间里欣欣向荣。

铁线莲拱门：捕捉夏日的时光

花园入口处的拱门整个白天都有充足的日照，通风性也很好。铁线莲‘仙人草’攀缘而上，春季开始发芽，藤蔓生长的同时，绿油油的叶片也茂盛起来，8月开始生出白色的小花，并逐渐覆盖整个拱门，花期一直持续到晚秋。

在盛夏开出的小花，非常适合给夏日增添几丝清凉。

小路旁的花坛是强健植物的专属地

从拱门往前走，小路左侧的一排木桩刚好形成一个高位花坛。这里虽然非常通风，但几乎整个夏季都会受到阳光直射，除了耐晒、强健的植物，几乎没有植物能适应这种环境。

花坛里栽种了微型藤本月季、花毛茛、荆芥（猫薄荷）、天竺葵，以及黑麦冬、蔓长春花、花叶络石等彩叶植物。它们总体来说只需要修剪和施肥。一两个月修剪一次，以控制株高。由于花坛本身比较高，所以让蔓长春花等植物的枝条沿着花坛边缘垂悬会使旁边的小路显得特别清新舒适。

度夏“困难户”的噩梦

这是与E区隔着一条小道对望的花坛，虽然也是以木头为围栏，但没有E区的花坛高。这里以相对高大的植物为主角，再用中等高度和相对低

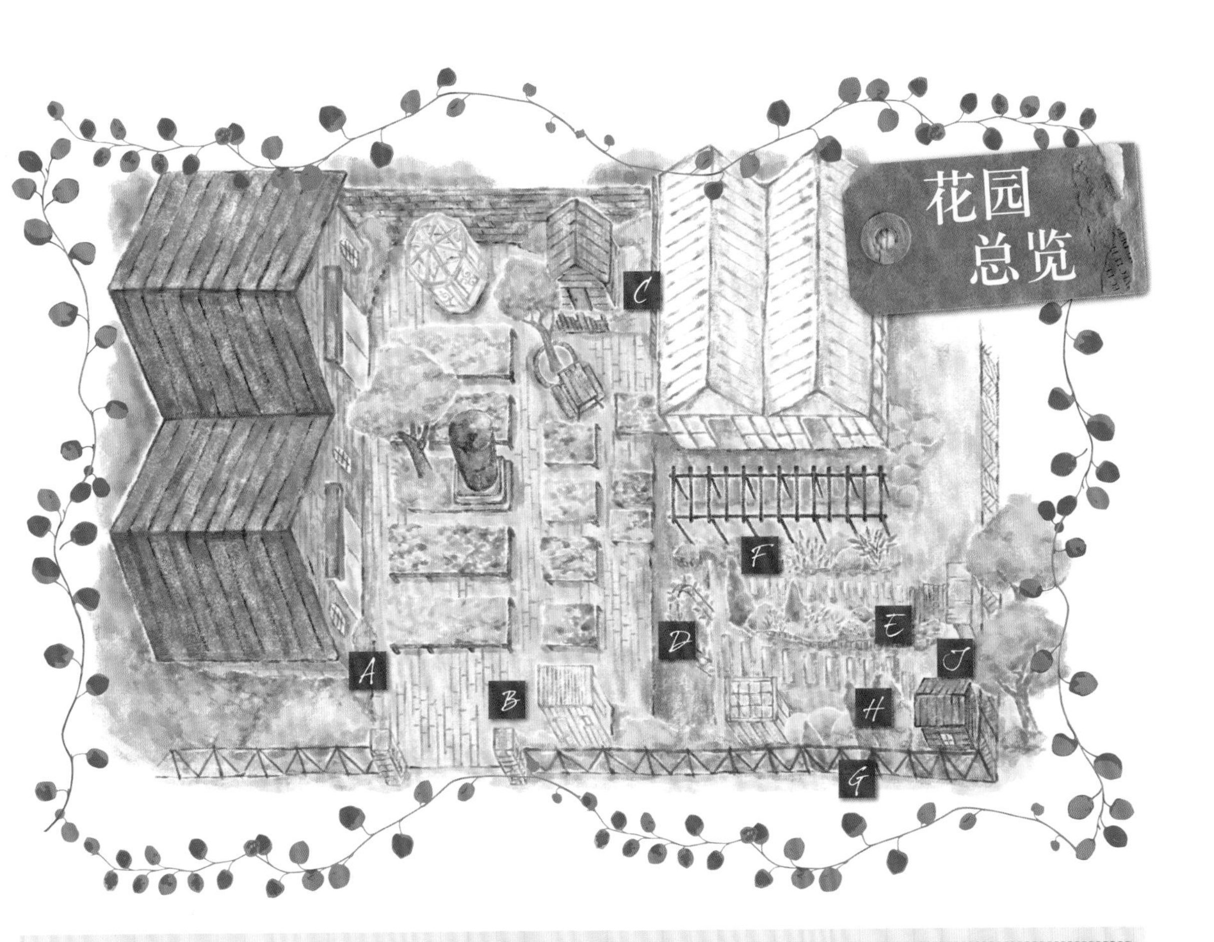

矮的植物来平衡整个场景，使景观更具层次感，显得生机盎然。在栽种植物时，要有意识地预留一些空间，让小檗属植物、欧洲女贞、忍冬、微型月季等灌木，以及赛菊芋、锥托泽兰、婆婆纳等宿根植物可以随着季节变化而展现出不同的氛围和色调，然后再加入一些一年生草本植物，让花坛的表现力更为丰富、突出。花坛从春季到初夏都会呈现出温柔、舒适的感觉；夏季则在清爽的气息中夹杂着一些热带氛围；秋季，带有复古感的紫红色、棕色等颜色的植物营造出稳重、典雅之感……哪怕是常被忽视的一年生草本植物和彩叶植物，也能成为景观中的点睛之笔。

这块区域有全日照，通风性极佳，但夏季过于炎热，即使是多肉植物‘世蟹丸’也无法在花坛里度夏（想让植物安然度夏，适量的树荫和半日照环境是非常必要的，比如夏季有半天时间没有阳光直射的H区就很不错）。因此，这个花坛也只能栽种极其耐热的植物。

用树木打造出舒适的半日照环境

沿着花园边缘的篱笆种了油橄榄、加拿大唐棣、紫叶风箱果、粉团荚蒾等树木，它们的花、叶、果实都能带来无限乐趣。这些植物开的花比花坛里的花高很多，营造出高低错落的平衡感。靠近休闲屋的角落旁栽种了粉色月季‘弗利西亚’和不带刺的黑莓。良好的光照让黑莓长得很好，果实压弯了枝条，与红叶一起衬着白色的墙面，分外吸引眼球。

度夏“困难户”的避难所

穿过D区的拱门在花园里漫步，小路旁的花坛中栽种了略带神秘感且颜色鲜艳的植物，这里的景观让人沉醉其中，从而不由自主地往前边走边欣赏，直到小路尽头的小屋映入眼帘。这样别出心裁的设计让人一路走来满怀期待，体验感极佳。花坛位于高大树木的北面，树荫为这里的半日照环境提供了保障，无法忍受盛夏的高温和长时间阳光直射的植物可以在这里安然度夏，比如，高大的油橄榄下方可以栽种金叶箱根草、心叶牛舌草、羽衣草、花菱草等。

在樱花树下栽种耐阴植物

高大的樱花树让人过目难忘。春季，樱花开满树；夏季，舒展的枝叶投下成片树荫，在午后形成一个明亮的阴凉处；秋季，逐渐变红或变橙的叶片极缓飘落，画面极其动人，这也是我们引以为傲的一个场景。如果在树下栽种需要强日照的植物，那么它们很可能徒长而不开花，因此最好在樱花树下围绕着白色小屋栽种一些耐阴的植物，日本吊钟花、绣球、玉簪、圣诞玫瑰（铁筷子）、心叶牛舌草、蕨类植物等都能很好地为这个空间增色添彩。

花园建造以来的变化

2010年，我们试着在“FLORA黑田园艺”的店铺范围内建造花园。因为一直跟着父亲一起打理园艺店，所以我们从小就与植物很亲密，也逐渐掌握了一定的植物培育技术，了解了各种植物的特性。不过，自从感受到了造园的乐趣，我们与植物相处的方式就完全改变了。我们常常思考什么样的植物才符合我们自然风花园的选择标准，搭配在一起的植物是否能让景观得到升华……像这样的探索还将一直继续进行下去。

这一章记录了我们开始造园后花园的变化，主要围绕花园的G区和H区展开，照片则大多捕捉的是初夏花园最为繁盛、出彩时的样貌。当然，在这个过程中也会有一些植物培育失败或搭配失败的案例，我们得做好准备迎接那些似乎每年都不会缺席的突发事件。

Main Garden

主花园的变化

2010 年初，主花园内虽然有植物，但总体来说还是待开发状态。我们开始造园后的 3 年里，植物旺盛地成长，而主花园的植物搭配方案和呈现出来的景致也随之不断变化着。通过照片观察更是觉得有趣。

2010 年・春

EARLY SUMMER 2011

2010 年・初夏

2011 年・初夏
2011 AUTUMN
2011 年・秋
2012 EARLY SUMMER
2012 年・初夏
2012 AUTUMN
2012 年・秋

EARLY SUMMER 2010

2010年初夏

我们从2010年起正式开始造园。首先，为收纳园艺工具建造了一个小屋，并在旁边的角落里种植了一棵高大的橄榄树；接着，以此为核心开始构思选择哪些植物，以及如何搭配。我们希望将乔木和灌木作为景观的背景，选择了高大并且能开花、结果的加拿大唐棣，叶片呈紫红色、枝条形态自然而优美的紫叶风箱果，以及有些像绣球的粉团荚蒾等。这些树木既能带来四季应时的景色，又能在夏季为草本植物营造出明亮而阴凉的环境。在这里的草本植物中，宿根植物占九成，一、二年生植物占一成。景观的最前方栽种着相对低矮的植物，后方靠近树木的地方则种着较高的百子莲、绵毛水苏、藿香等。不过，后来绵毛水苏和藿香因夏季高温闷热枯萎了，天芥菜则败给了冬季的严寒。这都是因为我们没能掌握好树木在夏季可以投下的树荫面积，也就没法因地制宜地栽种植物。回想一下，2010年几乎都是失败的栽培经历，但也是积累了很多经验的一年。

花坛前方种植了较矮的南美天芥菜、金叶箱根草等，这些宿根植物每年都可以欣赏。每月修剪一次以控制植株的高度，尽量不破坏花坛的整体平衡。

EARLY SUMMER 2011

2011年初夏

本以为宿根植物每年都可以欣赏，可是有些没能熬过冬季就枯萎了，虽然种植场所的合适性有待确认，但也有一些宿根植物是因为气候原因无法生长的。不过，可以把这些宿根植物当作一年生植物来栽种，落叶期将它们挖出来放到别处观赏。就这样，花园中融入的创意越来越多。

2011年，我们意识到要让花园在花朵少的时候也能保持绚烂多彩，这时候，颜色丰富的彩叶植物就起到了关键作用。比如，把铁筷子种在红叶、铜叶、黑叶植物的旁边，产生的对比效果很不错，让景观显得张弛有度。仔细观察你会发现，这一年花园中的宿根植物占八成，一、二年生草本植物占两成，与2010年比有些许不同。

熟练运用彩叶植物，而不仅仅依赖花朵的绚烂色彩

在靠近花坛边缘的地方种植了龙芽草、金叶箱根草、景天‘马特罗娜’、野草莓‘金色亚历山大’等叶色明亮的植物。小路的转弯处比较容易吸引观赏者的目光，因此栽种了紫娇花和穗花婆婆纳等。

可能是因为冬季没有下狠心对灌木进行修剪，导致它们的枝叶在夏季生得过于繁茂。有限的阳光从枝叶空隙投射到花坛里，反而形成了极适合花草生长的环境，即使是高温高湿的盛夏也能将气候对花草的损伤控制到最小。

EARLY SUMMER 2012

2012年初夏

把鲜艳的色彩与暗淡的色彩搭配在一起，让景观显得张弛有度

花园中，于2010年栽种并存活下来的宿根植物已经适应了这里的环境，并逐渐长大。造园的第3年，花坛内各种植物相处融洽，灌木丛下重新栽种了深红色、粉色、黄色等色彩鲜明的花草，希望让景观显得张弛有度。话虽如此，但强烈的对比也可能会让花园看上去过时、老旧。因此，可以在绿色、铜色、橘黄色的叶片中，添加红色、粉色、黄色的花朵让景观的配色更有层次感，从而营造出自然、雅致的氛围。从植物构成来说，宿根植物约占八成，一、二年生草本植物约占两成，这样的种植方案似乎可以稳定下来了。

7 让花坛更完美！个实践性强的造园创意

01 将植物倾斜着种植

这个技巧特别适合运用在道路旁的花坛等处。试着把园中小路旁的植物按一定的角度倾斜栽种，即使是刚种下去的植物，也能完美地融入景观，显得动感十足。确定栽种地后，观察植物的株型和姿态，可以灵活尝试各种倾斜角度，让景观显得自然灵动。

02 将3株小苗种在一起形成1株“大苗”

为了让景观显得更紧凑、充实而将宿根植物和一年生草本植物混栽时，可以尝试这个方法。当花坛中的宿根植物已经逐渐长大，而你却想用一年生草本植物的幼苗在其周围添加色彩时，千万不要仅栽种1株小苗，植株大小差别过大会让景观显得极不协调。挑选3株小苗，将它们组合成三角形的“大苗”再种下去，这样看上去更有分量。

03 为花坛增加坡度

比起在平坦的地方打造景观，稍微有点坡度的地方能让景观显得更有层次感和立体感。特别是靠近房屋或围栏角落处的花坛，将后方植株根部的土稍微垫高一些，与前方的植株形成明显的高度差，从而突显花坛的层次感。

设置留白空间

不要在种植空间内填满植物，而是刻意留白，让景观显得更为自然。留白空间设置在花坛和小路之间效果特别好。花坛边缘保持曲折、蜿蜒的形态，与整齐的道路形成平衡，打造出自然野趣。

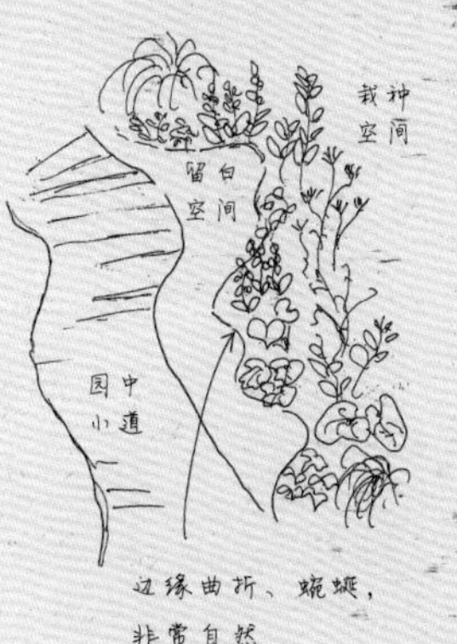

05

用腐叶土覆盖裸露的土壤

设置留白空间虽然可以使花园看起来很自然，但留白处的土壤完全裸露在外会让景观的魅力大打折扣。这种情况下，可以在没有种植植物的土壤表面覆盖一层松软的腐叶土，从而使其与周围的花草自然衔接，让人联想到林间小路。虽说只是铺了一层腐叶土，但整个景观给人的感觉却已经完全不一样了。

高挑的植物不一定只能栽种于景观的后方

如果把所有植物都按高矮的顺序配置到景观中，不考虑它们形态上的特色，那么景观会变得非常无趣。想要让每种植物的形态都突出，打破按株高来设计景观的传统规则非常必要。实际上，长得高的植物也可以配置在景观的中部，在它后方再栽种一些相对较矮的植物，这样也能呈现出层次感。

07

用彩叶植物为花园增加妙趣

如果景观中只有开花植物，可能会稍显单调，彩叶植物的加入则会让景观显得张弛有度。最近园艺店里新添了许多生有斑叶、金叶、铜叶等彩色叶片的植物。在没有鲜花盛开的时节，彩叶植物可以为花园带来一些意外之喜。

初夏和秋季的花色搭配

初夏的花园是最值得一看的。在健壮的宿根植物中穿插栽种着一、二年生草本植物，鲜亮的色彩让花园熠熠生辉。看到花园里一片生机勃勃的景象，心情也舒畅起来，但是，在这些植物中，有一些无法熬过梅雨季。为了迎接真正的夏季，得在花园中补充栽种一些耐闷热的植物，让丰富的色彩得以延续下去。秋季的花园展现出与初夏完全不同的色调，将色彩沉稳、雅致的花和彩叶植物、观赏草搭配栽种非常有趣。当草木的叶片慢慢染上红色，花园的景色仿佛被秋意浸润着一般，让人看着心潮澎湃。针对这两个观赏性极佳的时期，我们提出了不同的植物配色方案。

Chapter 2

植物、时令巧配合

适合初夏的5种搭配创意

在初夏的花园里，各种花卉绚烂夺目，观赏草等让人看着倍感清爽的植物给花园带来丝丝凉意。巧妙运用颜色雅致的花草，就能让花园显得自然而优雅。

1 充分利用有一定高度的植物

Early Summer

在小屋旁的小花坛中，把前方的土压低，后方的土抬高，让植物有高低错落之感，从而使景观显得更有深度和广度。栽种植物时可以将其以一定的角度倾斜种植，这样一来，哪怕是刚种的植物看上去也像已经在这里生长了很久一样。

植物名录

花叶女贞（银姬小蜡）/ 荚蒾‘京都簪子’/ 山桃草 / 针茅‘马尾’/ 花叶燕麦草 / 黄水枝 / 忍冬‘奥里亚’/ 黑麦冬 / 毛地黄 / 天蓝牛舌草‘德罗普莫尔’/ 锦带花‘葡萄酒与玫瑰’/ 银叶爱沙木 / 紫叶过路黄‘午夜阳光’/ 香彩雀 / 日本蓝盆花‘胭脂红’/ 细长马鞭草‘贝诺萨’/ 马丁尼大戟

2 Early Summer 野趣十足的混合栽种空间

这个花坛中混合栽种了各种花草，它们恣意生长，相邻的植物枝叶相互交错，仿佛天然生长在这里的一般，充满了野趣。这些植物在花期过后结出种子的样子也非常美，可以延长景观的观赏期，游客也能从中感受到植物的生命力。

植物名录

柳叶马鞭草/欧薄荷/胡萝卜花'黑骑士'/海滨蝇子草/北海道花葱'紫色的雨'/委陵菜'帝王绒'/琉璃苣'紫晕'/牛至'吉姆的最佳品'/紫蜜蜡花/欧耧斗菜'小精灵的黄金'

植物名录

柳叶马鞭草/蕾丝花/紫蜜蜡花/欧耧斗菜'小精灵的黄金'/芒颖大麦草/阔叶山麦冬

Early Summer 3

形态与颜色各异，小花与叶片的魅力集合

植物名录

紫叶小檗‘溢彩玫瑰’/球吉利/毛地黄‘咖啡奶油’/弗吉尼亚鼠刺/白苞通奶草/缘毛过路黄‘爆竹’/紫柳穿鱼‘阿鲁巴’/斑叶雁金草/白色琉璃苣/锥托泽兰/黑种草‘柠檬绿’

无须大型的花朵和叶片，仅用生有小花、小叶的植物造景，也能营造出很不错的效果。虽然各种花朵和叶片的形态、颜色都不同，但只要大小相差不多就不会有违和感。将柳穿鱼、弗吉尼亚鼠刺的白色小花和蓝紫色的球吉利搭配在一起，看起来非常清爽。

植物名录

紫叶风箱果 / 龙芽草 / 花叶茫髯薹草 / 齿叶橐吾‘午夜女士’/ 茅莓‘播撒阳光’/ 铜锤玉带草 / 野草莓‘金色亚历山大’/ 柔毛羽衣草 / 景天‘马特罗娜’/ 红棕薹草 / 马丁尼大戟

4 Early Summer

以观赏草为主角，可以赏玩叶片的半阴处

在花园中栽种着的小灌木丛北侧，有一个明亮的半阴处。这里栽种着每年都会发芽的景天‘马特罗娜’，并搭配种植了线条纤细美丽的观赏草。因为这个地方有些阴暗，所以我们用拥有金色叶片的野草莓和龙芽草点缀其间。

5 Early Summer

用形态可爱的花朵为小屋拐角处的景观添彩

小屋的一角以黄色的莱雅菊为主角，栽种了花形相似的植物。开橙色小花的绒缨菊仿佛不经意地点缀其间，生长着铜叶的毛地黄钓钟柳‘赫斯克红’是景观中的完美配角。

植物名录

花叶石菖蒲 / 绒缨菊 / 莱雅菊 / 蓝目菊（南非万寿菊）/ 垂盆草 / 毛地黄钓钟柳‘赫斯克红’

主要彩色植物

初夏的花园

花团锦簇的初夏，正是花园变得热闹的时节。在选择植物之前，要先考虑好景观的重点和主题颜色，让景观显得张弛有度。接下来会介绍一些适合初夏的彩色植物。它们有的颜色深沉，有的能让你提前感受到盛夏的热烈。

橙色在夏日天空的映衬下显得活力满满。将橙色、黄色、奶油色搭配在一起，打造出渐变的感觉。

天人菊

花坛的主角：温柔绽放的橙色花朵

以橙色的天人菊为中心，四周栽种着叶片金黄的欧洲女贞、黄色的天人菊和忍冬等植物。

修长的橙色花柱让人过目难忘

开橙色花的藿香‘杏黄精灵’与深紫色的天芥菜颜色对比极大，反而让彼此都更为突出。

藿香‘杏黄精灵’

火焰一般的红色花朵为场景带来了紧张感

白色的荚蒾和粉色的剪秋罗组成了温柔而舒缓的画面，鲜红的绛车轴草让场面瞬间火热起来。

绛车轴草

RED
红色

鲜艳的红色在花园中值得重点突出，以白色和粉色来映衬红色带来的热烈感是屡试不爽的方法。

PINK
粉色

穗花婆婆纳‘红狐’

粉色是不挑剔的百搭色彩，无论什么风格的景观中都有它的身影。粉色与蓝色、白色搭配很可人，与黑色、紫红色搭配则会显得非常雅致！

低矮的植物让‘红狐’的可爱程度倍增

在穗花婆婆纳‘红狐’旁种上相对低矮的蓝花车叶草，以突出‘红狐’轻巧直立的可爱花穗。

小道旁紧凑的低矮植物是无法忽视的亮点

金叶箱根草的金叶与钓钟柳‘深红色蕾丝’的深粉色花朵搭配形成强烈的对比，非常华美。

钓钟柳‘深红色蕾丝’

许多看上去呈黑色的叶片实际上是深紫色的。这种颜色适合与其他任何颜色搭配，只要将其少量运用于花园中，就能营造出难得的时尚感。

色彩微妙的叶片 营造出雅致的氛围

小头蓼‘银龙’的深紫色叶片上有美丽的银绿色花纹，雅致万分，与山桃草的粉色花朵很配。

小头蓼‘银龙’

紫叶酢浆草

深紫色的叶片 让景观深沉而有层次感

栽种在淡粉色的香彩雀和朱唇之间的紫叶酢浆草让高位花坛更有深度。

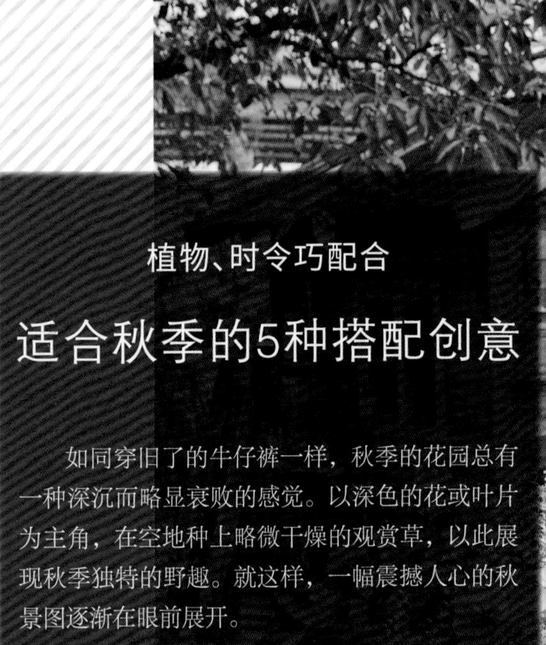

植物、时令巧配合

适合秋季的5种搭配创意

如同穿旧了的牛仔裤一样，秋季的花园总有一种深沉而略显衰败的感觉。以深色的花或叶片为主角，在空地种上略微干燥的观赏草，以此展现秋季独特的野趣。就这样，一幅震撼人心的秋景图逐渐在眼前展开。

Autumn 1

高挑的植物
和宽大蓬松的植物完美融合

用柔和的色调营造温柔而和谐的氛围。炎热的夏季终于过去了，淡紫色的锥托泽兰和淡黄色的大丽花等竞相盛开，一派生机勃勃的景象。想让景观更具野性，可以在保持植株间距的基础上，从底部修剪植物，让它们保持宽大蓬松的形态，不会长得过高。

2 Autumn

用富有线条感的植物来衬托大丽花的美丽轮廓

以雅致的深红色花朵为主角，辅以鲜艳的橙色花朵和随风摇曳的金色叶片，打造出深沉而别致的秋日美景。在景观后方用带有线条感的金线草、水甘草、薹草让场景显得更充实。把后方的土垫高一些再移栽植物，以展现出层次感。

植物名录

紫叶小檗‘溢彩玫瑰’/蓝雪花/白苞通奶草/锥托泽兰/大丽花‘黑骑士’/波斯菊/雁金草/紫叶狼尾草/红叶槿‘黑国王’/朱唇/紫锦木/凤梨鼠尾草/金叶亮绿忍冬

植物名录

金线草/巧克力秋英/大丽花‘牛津主教’/铜叶大丽花‘永恒’/紫锦木/紫叶过路黄/金叶亮绿忍冬/绿苋草‘红丝线’/青葙‘亮丽红’/帚石南/山桃草/水甘草/马丁尼大戟/红棕薹草/褐红薹草‘曲铜’

干燥的观赏草
和色彩柔和的花朵相互映衬

把生长迅速的狼尾草栽种在紧挨小屋墙壁的地方，再将薹草分散栽种在两边，以提升安稳感。在景观中部和前方用有些微差别的淡粉色和白色花朵打造出清爽的秋日场景。

植物名录

弗吉尼亚鼠刺 / 红棕薹草 / 褐红薹草‘曲铜’ / 燕麦草 / 矮麦冬 / 野海棠 / 大丽花‘多佛主教’ / 常绿大戟‘白天鹅’ / 金鱼草‘青铜龙’ / 蛇根泽兰（白蛇根）‘巧克力’ / 山桃草 / 水甘草 / 狼尾草

Autumn 4 利用叶片的特色
收获色彩丰富的蔬菜花园

这个独特的彩叶景观别有一番风味。我们在各种各样的蔬菜中栽种了一些拥有绿叶、铜叶和紫红色叶片的品种，将叶形不同的蔬菜随意组合在一起，打造出热闹非凡的场景。

植物名录

厚皮菜 / 香芹 / 羽衣甘蓝 / 绵毛水苏 / 生菜 / 委陵菜‘君主的天鹅绒’ / 芥菜 / 红叶菠菜 / 铜叶酸模 / 托斯卡纳黑甘蓝 / 罗勒 / 波叶大黄 / 甜菜‘公牛之血’

Autumn 5

以深色调为主的高位花坛

深红色的大丽花‘黑蝶’和同色系的巧克力秋英决定了花坛的主色调。赛菊芋、忍冬和金叶牛至用黄色元素完美映衬着作为花坛主角的深红色花朵。初夏栽种的紫叶狼尾草和紫叶小檗等也让花坛显得沉稳而雅致。

植物名录

百里香／厚叶银叶菊‘天使翅膀’／金叶牛至／月季‘绿冰’／墨西哥鼠尾草／巧克力秋英／金叶亮绿忍冬／鼠尾草‘靛蓝尖塔’／赛菊芋‘洛琳阳光’／大丽花‘黑天鹅’／青葙‘亮丽红’／紫叶小檗‘溢彩玫瑰’／蛇根泽兰／雁金草／红叶槿‘黑国王’／紫叶狼尾草／大丽花‘黑骑士’／大丽花‘黑碟’

主要彩色植物

秋季的花园

秋季的植物散发着沉稳的气息，很适合用来打造自然而雅致的花园。不过，清一色的深沉色彩会让景观因毫无亮点而被埋没。要避免这种情况发生，可以在场景中合理添加一些颜色鲜艳的植物，在点亮画面的同时，还能增加层次感和纵深感。

红色映照着秋日明净的天空，显得分外时尚，不论是与铜叶搭配，还是与橙色的花朵组合都非常雅致。

迎着秋风，丛生的植物摇曳生姿

隔着很远就让人挪不开眼的朱唇适合栽种在略微宽阔的场所，突显其野性，打造魅力十足的秋日美景。

朱唇

用色彩鲜艳的植物装饰花坛的前方

颜色低调、略显散乱的狼尾草和野牡丹，在株型紧凑的深红色菊花的映衬下，艺术感尤为突出。

菊花‘皇家红’

WHITE
白色

白色元素无论运用在何处，都会给人明亮、清爽的印象，非常适合用于造景。白色花朵与银叶、铜叶和斑叶搭配都很棒。

秋日花园中
让人挪不开眼的白色元素

紫罗兰

白色的紫罗兰是春季就会摆在园艺店里展示的热门商品。在这个景观中，栽种在紫罗兰前方的是银叶菊，旁边为银叶爱沙木。

波斯菊

用古朴的色调
和柔软的花茎装点花园

接近奶油色的波斯菊颇有古典韵味，与开紫色花的锥托泽兰、生长着斑叶的雁金草组合在一起，营造出有些怀旧的氛围。

PINK
粉色

粉色能完美适应任何场景。可以利用深浅不同的粉色打造拥有渐变效果的景观，或者将其与金叶植物搭配栽种。

长长的花期，让花园也亮了起来

花朵像星星一样可爱的五星花，用轻快的粉色照亮了花坛。

五星花

用适合秋、冬的花苗让秋季的花园变得华丽起来

粉色的仙客来与同色系的三色堇，以及粉色和杏黄色的香堇菜搭配栽种，分外吸引眼球。

仙客来‘迷你薇拉’

波斯菊

随着秋风摇曳的身姿更添怀旧情趣

深浅不一的粉色波斯菊，搭配有黄色元素的鬼针草和金叶亮绿忍冬，看上去充满自然野趣。

为美丽的黄叶制订种植计划

白花日本紫珠的叶片到了秋季会变成黄色，将它与生长着茶色叶脉的矾根组合栽种，颇具秋日风情。

白花日本紫珠

YELLOW
黄色

黄色让深秋的氛围高涨，将它与花园中的茶色、铜色元素搭配起来，秋意就更浓了。

黄色与紫色相互映衬

赛菊芋‘洛琳阳光’的花色明亮，叶片上的斑纹也很有魅力。它与香彩雀的紫色花朵形成强烈的对比，相得益彰。

赛菊芋‘洛琳阳光’

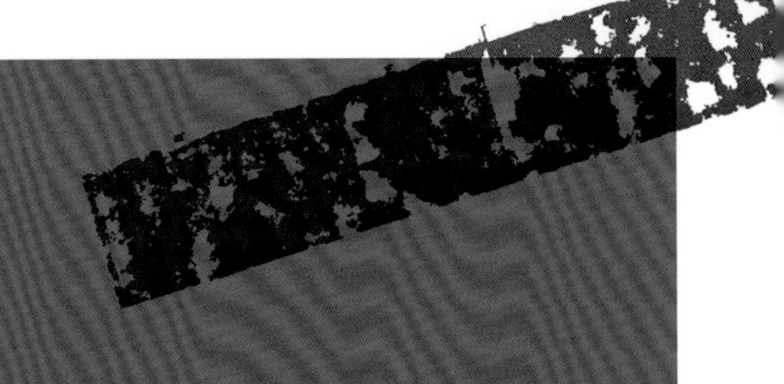

在稍显冷清的时节，用组合盆栽让花园热闹起来

冬季和盛夏的花朵少，花园怎么看都显得有些冷清，于是，游园的兴致自然也降低了。此时，组合盆栽就成了花园的活力来源。在炎热的夏季，建议选择色彩清爽、茎干修长的植物制作组合盆栽，那些随风摇曳的枝条让人仿佛忘却了天气有多么炎热。冬季则可以选用一些色彩鲜艳的开花植物打造缤纷绚烂的组合盆栽。当然，无论制作什么样的组合盆栽，都应该提前定好想要呈现的主题，再根据主题来挑选植物。制作完成后，再有意识地装饰一下摆放组合盆栽的地方，让整个场景演绎出故事性。有时候，仅仅添加一个小小的杂货就能让氛围得到极大的改善。

Chapter 3

夏季的组合盆栽

Summer

迫于夏季强烈的阳光，去花园里闲逛的频率也变少了。那么何不在屋檐下挂一个种满植物的吊篮？只要选对了植物，不仅夏季会感觉到视觉上的凉爽，秋季还能继续观赏。

用开白花和有斑叶的植物制作有清凉感的夏日吊篮

充分利用带有草绿色、淡绿色和白色这些清凉色彩的植物，均衡分配藤蔓植物飘逸的垂枝，营造出自然雅致的感觉。选取一棵相对高挑的一串红栽种在中间，再将另外两棵以一定的倾斜角度种在旁边，使盆栽看上去蓬松而有分量，远观也让人无法忽视。

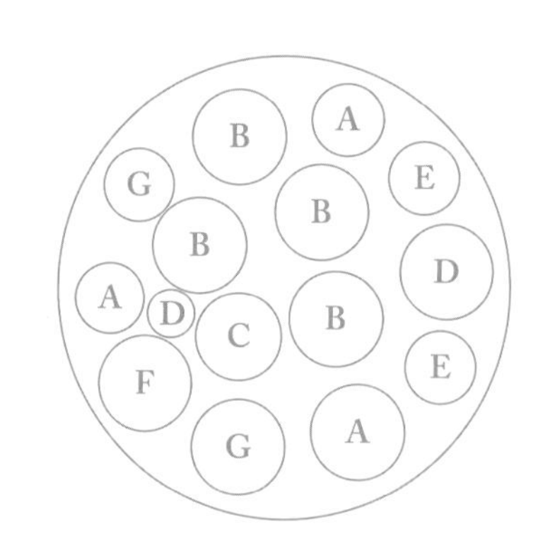

Summer

夏季的组合盆栽

在色彩稍显不足的夏季花园里，紫色的花朵是绝对的视觉焦点，在带来冲击感的同时，也会给花园增添几分凉意。选择尺寸合适、便于移动的花盆，这样可以根据日照条件更换摆放的位置。

A 天芥菜　B 百万小铃　C 细长马鞭草'贝诺萨'　D 常春藤　E 鸡脚参　F 硬毛百脉根'硫黄'　G 马鞭草'蓝色塔尖'　H 扶芳藤

紫色花朵的清爽魔法

原本有些沉闷的紫色花朵组合在一起却可以显得分外清爽，这要归功于合理的植物搭配。高挑的花选取浅紫色的，低矮的花则挑选深紫色的，从而让整个组合盆栽形成渐变色调，看上去非常清爽。随风摇曳的穗状花序更是加分项，让人一时忘记了夏季的炎热。

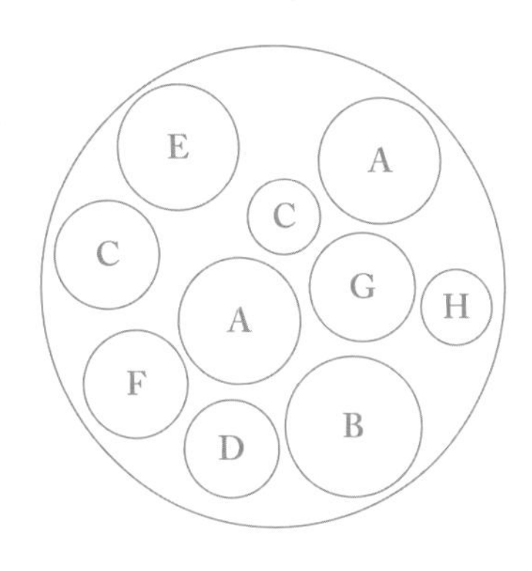

Winter 冬季的组合盆栽

这盆组合盆栽让人明明在冬季却联想到了春日场景。把色彩鲜艳又充满活力的风信子和野趣十足的小型植物组合在一起，极具自然气息。

以落叶为底，
让人联想到初春的林间小道

在花器的底部铺满落叶，并有意暴露一部分风信子的种球，再在旁边随意配置一些小型植物，让组合盆栽更具野趣。以蓝紫色的花为主角，配上白花后，画面也变得明亮起来。将组合盆栽的轮廓打造成圆润的弧形，植物们都显得非常舒展。

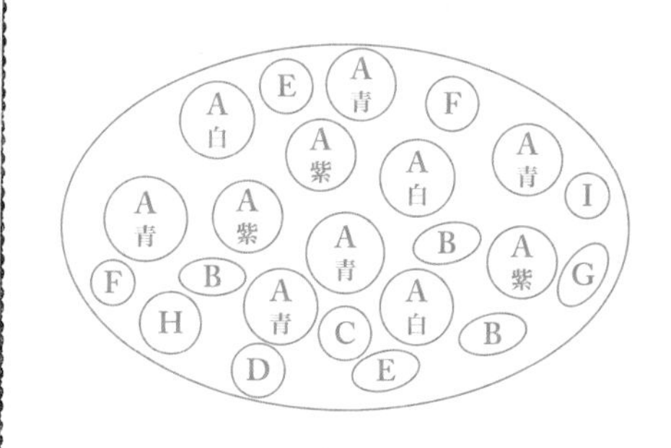

ASSURANCES SUR LA
3000
Plants List
B 香堇菜‘粉红柠檬’
A 香堇菜‘芒果古董’
C 香堇菜‘杏色古董’
D 三色堇‘仙女的薄纱·罗马’
G 避日花‘柠檬汽水’
E 蒿‘埃塞俄比亚香水
F 香堇菜‘玫瑰粉’
H 常春藤‘心动’

Winter

冬季的组合盆栽

华美的植物装饰瞬间将春的气息带到了冬季的花园。在靠着墙壁立着的木梯上，以花篮为盆器设计两个组合盆栽。杂货和植物的结合让这里妙趣横生。

可爱的粉色 让娇美的春季提前到来

这两个组合盆栽的主角是从冬季到春季都很活跃的三色堇和香堇菜。虽然都是粉色系的花朵，但又有细微的差别，充分体现了自然的色彩之妙。藤蔓植物绿色的垂枝让上、下两个组合盆栽连接成一个整体。梯子和墙壁上栽种着单株植物的花篮营造出自然乡村风。

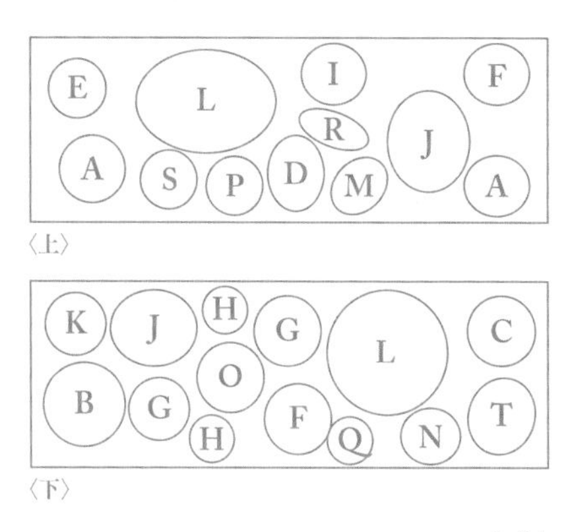

POSTALE

花园植物图鉴

（219种植物的笔记）

Chapter 4

我们在采购植物时，会整理出植物的类型、株高等基本特征，在后续造园过程中则会记录下植物养护、搭配等方面的实践心得。

由于花园位于日本埼玉县埼玉市，这里全年最低温在 4℃左右，最高温大约为 27℃，因此本章图鉴中介绍的植物耐热性、耐寒性等信息也是以花园所处的环境为基础整理的。如果培育场所发生了变化，那么植物对环境的耐受性也会有所不同。

由于四周几乎没有遮挡物，我们的花园不仅有充足的日照，而且通风性也极佳。我们非常享受在花园里种花、造景的日常，也希望将这份乐趣与收获分享给每一个人。

让人爱不释手的

104种宿根植物、球根植物的栽培笔记

宿根植物

推荐给喜欢低维护花园的人，享受看着植物慢慢成长所带来的喜悦。

在多年生植物中，有的植物地上部分会在冬季枯萎；有的虽然说四季常绿，但也会有休眠期。当植物的实际生长环境与其原生环境有一定差异时，它们很有可能难以过冬或者度夏。在这种情况下，如果可以通过盆栽的方式将它们暂时转移至环境适宜的地方（比如背阴处或者室内），从而得以安稳地度过这段时期后再重新地栽生长，那么也可以将这些植物当作宿根植物对待。

倘若你想要一个低维护的花园，宿根植物是不可缺少的，因为它们的根系每年都会自然生长，就算是修剪也只需剪去地上的枯萎部分，可以说非常省事。宿根植物品种丰富，而我们的花园并不太宽阔，株型直立、高挑的植物是这里的主角，我们希望用它们打造出清爽宜人的景观。

不同宿根植物对温度的耐受性还有待观察，我们也会不断尝试，并记录下如何才能让它们在花园中健康生长。除了宿根植物之外，这一节中还会介绍一些多年生的球根植物。球根植物只要种下去基本上就能正常生长、开花，是非常可靠的花园植物。

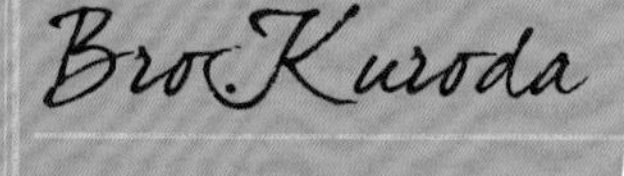

含苞待放的样子。

Cynara scolymus

洋蓟

科别 / 菊科
原产地 / 地中海沿岸北部
类型 / 常绿宿根植物
花期 / 6—8 月
花径 / 约 15cm
花色 /
株高 / 约 1.5m
宽幅 / 约 1.5m
耐寒性 /　耐阴性 /
耐热性 /　耐闷热性 /
光照需求 /
水分需求 /
繁殖方法 / 分株、播种
栽种时期 / 3—4 月，10—11 月

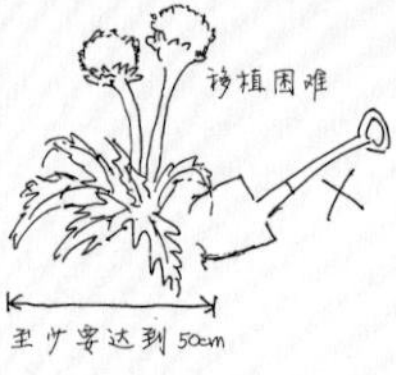

【特征】洋蓟是一种香草，巨大的株型极具震撼力。它虽然在多数情况下都是作为观赏性园林植物使用的，但在欧洲却是一种广受欢迎的蔬菜，人们会将它的苞片用盐水煮着吃。

【花园应用】洋蓟每年都会不断生长，因此相较于定期移栽到更大的花盆中去，它更适合地栽。它的存在感突出，成株在为花园增色的同时，常常让人过目难忘。

花朵聚在一起呈伞形花序。

Agapanthus africanus

百子莲

科别 / 石蒜科　原产地 / 非洲南部
类型 / 常绿或落叶宿根植物
花期 / 6—8 月　花序直径 / 约 20cm
花色 /
株高 / 0.3 ~ 1.5m
宽幅 / 50 ~ 60cm
耐寒性 /　耐阴性 /
耐热性 /　耐闷热性 /
光照需求 /
水分需求 /
繁殖方法 / 分株
栽种时期 / 3—4 月，9—11 月

【特征】夏季，百子莲细长的叶丛间抽生出花葶，漏斗状的小花排成伞形花序。根据品种的不同分为落叶和常绿两种，大多比较强健，种下后不太需要费心看管，非常省事。

【花园应用】百子莲生长速度较为缓慢，夏季盛开的花朵非常优雅。大型品种株高可达 1.5m，花序直径约为 20cm。适合栽种在全日照至半阴环境中。

Aster

紫菀属

科别 / 菊科
原产地 / 美洲、欧洲、亚洲、非洲
类型 / 落叶宿根植物
花期 / 8—11 月
花径 / 约 2cm
花色 /
株高 / 0.3 ~ 1.5m
宽幅 / 30 ~ 50cm
耐寒性 /　耐阴性 /
耐热性 /　耐闷热性 /
光照需求 /
水分需求 /
繁殖方法 / 扦插，分株
栽种时期 / 3—4 月，10—11 月

【特征】日常生活中常见的紫菀、荷兰菊、忘都草等都是紫菀属植物，虽然它们的花朵娇小，但成片出现在花坛中时，绝对让人挪不开眼。

【花园应用】市面上可以买到的紫菀属植物盆栽一般高 15~20cm，但如果直接在花园中地栽，它们通常能长到约 1m 高。因此，在造园之初就应该把它们看作会不断长大的植物，提前做好规划。

深紫色让景观更有层次感

淡紫色为花园增添了几分柔美

花穗会从白色变为温柔的粉色。

Astilbe chinensis

落新妇

科别 / 虎耳草科

原产地 / 东亚地区，北美洲

类型 / 落叶宿根植物　花期 / 5—8 月

花穗高度 / 10 ~ 15cm

花色 /

株高 / 50 ~ 70cm　宽幅 / 50 ~ 60cm

耐寒性 / ●●●　耐阴性 / ●●●

耐热性 / ●●○　耐闷热性 / ●●○

光照需求 / ●●○

水分需求 / ●●●

繁殖方法 / 分株、播种

栽种时期 / 4—5 月

【特征】落新妇的花期可以从晚春一直持续到夏季。它的抗病虫害能力强，但盛夏强烈的阳光会灼伤叶片，要注意防范。此外，落新妇也不耐旱，养护时要勤浇水。

【花园应用】夏季应避免栽种在有西晒的地方，明亮的树荫下是很不错的选择。冬季，其地上部分会枯萎。可以事先将铁筷子等常绿植物与落新妇搭配栽种，以避免景观在冬季变得冷清。

上图为大星芹‘罗马’，右图为大星芹‘雪星’。

Astrantia major

大星芹

科别 / 伞形科　原产地 / 欧洲，西亚地区

类型 / 落叶宿根植物　花期 / 5—7 月

花径 / 约 2cm

花色 /

株高 / 50 ~ 60cm

宽幅 / 约 20cm

耐寒性 / ●●●　耐阴性 / ●●○

耐热性 / ●●○　耐闷热性 / ●○○

光照需求 / ●●○

水分需求 / ●●○

繁殖方法 / 分株

栽种时期 / 3—4 月

【特征】大星芹喜欢光照充足且土壤湿润的环境，但不耐闷热。我们的花园夏季炎热，把它种在有半日照、通风性好且排水性佳的地方比较省心。

【花园应用】轻盈的花朵为花园增添了几许温柔。如果想将它栽种在向阳处，可以把它连盆埋入土中，花后再和盆一起挖出来。盛夏将它以盆栽的形式放在有半日照的地方养护。

Aurinia saxatilis

金庭荠

科别 / 十字花科　原产地 / 欧洲

类型 / 常绿宿根植物　花期 / 4—5 月

花径 / 约 0.5cm

花色 /

株高 / 20 ~ 40cm

宽幅 / 20 ~ 30cm

耐寒性 / ●●●　耐阴性 / ●○○

耐热性 / ●○○　耐闷热性 / ●○○

光照需求 / ●●●

水分需求 / ●●○

繁殖方法 / 扦插、播种

栽种时期 / 2—3 月

【特征】金庭荠适合栽种在排水好的地方，鲜艳的黄色花朵与香雪球的花朵有些相似，散发着淡淡的甜香。它虽然是宿根植物，但常因不耐热而难以度夏，因此可以把它当作一年生植物来看待。

【花园应用】覆盖着短毛的叶片和茎干微微泛着银色，可以为景观增添一些微妙的柔和感。

Alchemilla mollis

柔毛羽衣草

科别 / 蔷薇科
原产地 / 欧洲东部，亚洲
类型 / 落叶宿根植物　花期 / 5—6 月
花径 / 约 0.5cm　花色 /
株高 / 40 ~ 50cm
宽幅 / 约 30cm
耐寒性 / ☻☻☻　耐阴性 / ☻☻☺
耐热性 / ☻☻☺　耐闷热性 / ☻☻☺
光照需求 / ☻☻☺
水分需求 / ☻☻☺
繁殖方法 / 扦插、播种
栽种时期 / 3—4 月，10—11 月

【特征】柔毛羽衣草会在花茎顶端绽放一簇簇小黄花。由于它不耐热也不耐闷湿，最好种植在有半日照且排水性良好的地方。

【花园应用】把几株柔毛羽衣草栽种在一起，花期的景致会非常壮观。但随着植株不断生长，几年后种植场所会非常拥挤，空气流通性也大大降低。建议每两三年对柔毛羽衣草进行一次分株移栽。

Alternanthera porrigens

日本微型千日红

科别 / 苋科
原产地 / 秘鲁、厄瓜多尔
类型 / 常绿宿根植物
花期 / 9—11 月
花径 / 约 0.7cm　花色 /
株高 / 30 ~ 60cm　宽幅 / 约 40cm
耐寒性 / ☻☺☺　耐阴性 / ☻☻☺
耐热性 / ☻☻☻　耐闷热性 / ☻☻☺
光照需求 / ☻☻☺
水分需求 / ☻☻☺
繁殖方法 / 扦插、分株、播种
栽种时期 / 9—10 月

【特征】日本微型千日红又称莲子草，其品种众多，红花的、黄花的、斑叶的等市面上都有流通，左图为人气品种‘千日小坊’。它非常耐热，但耐寒性极差。

【花园应用】适合用作秋季组合盆栽的主角，与薹草等具有线条感的植物搭配能彰显自然野趣。可以大面积栽种或者点缀几株在花坛中，装点夏末到晚秋的花园。

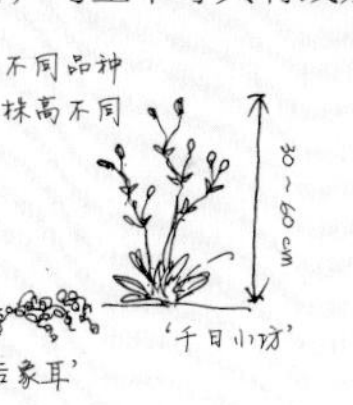

右图为高约 10cm 的小型品种。

Armeria pseudarmeria ‘Ballerina Red’

宽叶海石竹‘红芭蕾’

科别 / 白花丹科　原产地 / 欧洲、北美洲
类型 / 常绿宿根植物　花期 / 4—5 月
花径 / 3 ~ 4cm
花色 /
株高 / 40 ~ 50cm
宽幅 / 10 ~ 20cm
耐寒性 / ☻☻☻　耐阴性 / ☻☻☺
耐热性 / ☻☻☺　耐闷热性 / ☻☺☺
光照需求 / ☻☻☺
水分需求 / ☻☻☺
繁殖方法 / 分株、播种
栽种时期 / 2—3 月

【特征】‘红芭蕾’株型高挑，在野外一般生长在海岸附近；其他园艺品种是以相对低矮、生活在山中的宽叶海石竹为基础培育出来的，叶片长 1~2cm。总体来说对环境的通风性要求极高。

【花园应用】高挑的品种最好不要栽种在拥挤狭窄的空间内，应该充分利用其身姿，让花朵可以随风摇曳。低矮的品种则适合栽种在花坛等处的边缘。

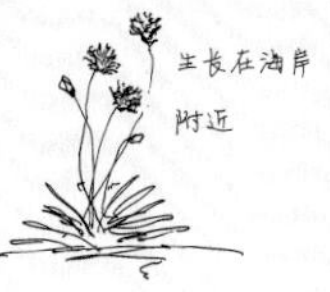

Angelonia angustifolia

香彩雀

科别 / 车前科
原产地 / 美洲中部地区
类型 / 常绿宿根植物
花期 / 6—10 月　花径 / 1 ~ 2cm
花色 /
株高 / 20 ~ 70cm　宽幅 / 约 30cm
耐寒性 / ●○○　耐阴性 / ●●○
耐热性 / ●●●　耐闷热性 / ●●○
光照需求 / ●●○
水分需求 / ●●○
繁殖方法 / 扦播、播种
栽种时期 / 4—5 月

【特征】香彩雀的花穗在花茎的顶端生长着，细薄的叶片分外清爽。它不耐寒，花期很长，近年来许多改良品种也逐渐在市面上流通。

【花园应用】香彩雀株型较小，很适合盆栽。夏季盛开的蓝紫色花朵会给花园带来些许凉意。

Ajania pacifica

金球菊

科别 / 菊科　原产地 / 亚洲
类型 / 常绿宿根植物
花期 / 10—11 月
花径 / 约 1.5cm　花色 /
株高 / 约 20cm
宽幅 / 约 20cm
耐寒性 / ●●●　耐阴性 / ●●○
耐热性 / ●●●　耐闷热性 / ●●○
光照需求 / ●●○
水分需求 / ●●○
繁殖方法 / 分株、扦插
栽种时期 / 9—10 月

【特征】叶片背面生有白色的茸毛，这让其绿叶从正面看像是镶了一圈白边，非常时尚。

【花园应用】作为彩叶植物栽种在花盆里随时移动到不同的景观中非常方便。在光照充足的花坛中用作地被植物也很不错。由于其原生于铺满沙砾的海岸，因此也很适合应用于砾石花园中。

Iberis sempervirens

常青屈曲花

科别 / 十字花科
原产地 / 地中海沿岸地区
类型 / 常绿宿根植物
花期 / 3—5 月　花径 / 约 1cm
花色 /　株高 / 15 ~ 20cm
宽幅 / 约 30cm
耐寒性 / ●●○　耐阴性 / ●●○
耐热性 / ●●○　耐闷热性 / ●●○
光照需求 / ●●○
水分需求 / ●●○
繁殖方法 / 分株、扦插
栽种时期 / 3—4 月

【特征】开白色花朵，花朵聚集在茎干顶端呈球状，皮实好养，可用作鲜切花。盆栽花苗一般在每年 12 月前后上市。

【花园应用】虽然比较耐寒但并不喜欢寒冷环境。在室外培育的花苗很容易因北风和霜冻而受损。隆冬时可以将其栽到花盆中，放置在屋檐下躲避寒风霜雪，等到 3 月前后再地栽。

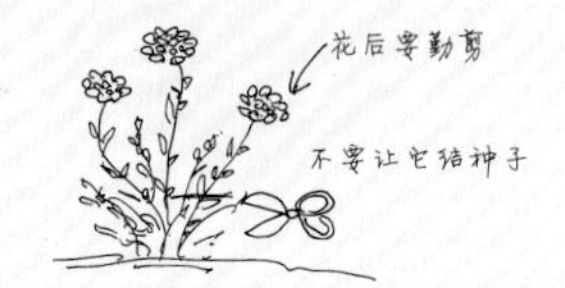

Bidens

鬼针草

科别 / 菊科　原产地 / 北美洲
类型 / 常绿宿根植物
花期 / 10—12 月
花径 / 约 3cm　花色 /
株高 / 0.8 ~ 1m
宽幅 / 约 30cm
耐寒性 / ●●○　耐阴性 / ●●○
耐热性 / ●●○　耐闷热性 / ●●○
光照需求 / ●●●
水分需求 / ●●●
繁殖方法 / 扦插、播种
栽种时期 / 4—5 月，10—11 月

【特征】品类众多，直立或匍匐生长。高挑的品种常以“冬季波斯菊”的名称在市面流通。

【花园应用】由于其生命力旺盛，以花盆栽种时根系极易盘结。夏季要避免因缺水导致叶尖损伤。地栽时如果枝干生长得过长很容易整株倒伏，应该在它倒伏之前及时修剪。

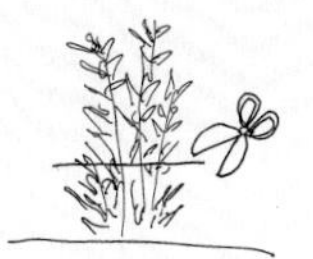

6月下旬在靠近基部的地方修剪

Echinacea purpurea

松果菊

科别 / 菊科
原产地 / 北美洲
类型 / 落叶宿根植物
花期 / 7—8 月
花径 / 约 6cm
花色 /
株高 / 0.4 ~ 1m
宽幅 / 约 30cm
耐寒性 / ●●●　耐阴性 / ●●○
耐热性 / ●●●　耐闷热性 / ●●●
光照需求 / ●○○
水分需求 / ●●○
繁殖方法 / 分株、播种
栽种时期 / 3—4 月，10—11 月

【特征】夏季花园的主角之一，耐热但不耐潮湿。花朵竞相开放之时让夏日的火热氛围高涨。品种‘获月’初开时花朵呈鲜艳的黄色，之后会逐渐变为奶油色。

【花园应用】高挑的身姿让松果菊在宽阔的场地中显得灵动而鲜活。有一些株高仅为 30~50cm 的低矮品种适合栽种在空间有限的地方。

适合栽种在光照好的地方

‘获月’

‘日落’

松果菊又叫紫锥菊

Echinops ritro

硬叶蓝刺头

科别 / 菊科　原产地 / 欧洲南部地区
类型 / 落叶宿根植物　花期 / 7—9 月
花径 / 约 3.5cm
花色 /
株高 / 1 ~ 2m
宽幅 / 约 40cm
耐寒性 / ●●●　耐阴性 / ●○○
耐热性 / ●●○　耐闷热性 / ●○○
光照需求 / ●●●
水分需求 / ●●○
繁殖方法 / 分株、播种
栽种时期 / 3—4 月，10—11 月

【特征】略泛银色的叶片形似海螺，茎干顶端的头状花序仿佛带刺的圆球。花蕾、花朵和种荚都可以切下来制成干花欣赏。需要栽种在通风良好的地方。

【花园应用】夏季要对其杂乱的叶片和茎干进行修剪。和红叶、柠檬黄色的叶片搭配在一起效果很不错。

持续高温高湿会导致植株死亡

Oxalis triangularis

三角紫叶酢浆草

科别 / 酢浆草科　原产地 / 巴西
类型 / 落叶宿根植物
花期 / 6—10 月　花径 / 3 ~ 4cm
花色 /
株高 / 10 ~ 20cm
宽幅 / 约 20cm
耐寒性 / ●●○　耐阴性 / ●●○
耐热性 / ●●○　耐闷热性 / ●●○
光照需求 / ●●○
水分需求 / ●●○
繁殖方法 / 分株、播种
栽种时期 / 4—5 月

【特征】三角紫叶酢浆草的叶色和叶形都非常独特，纤细的花茎顶端盛开淡粉色的可爱花朵。虽然植株略显低矮，但优雅的叶色和清爽的花色形成的对比，足以让它们在花园中占据一席之地。

【花园应用】可以将其独特的叶色运用于花坛和组合盆栽中。在小路转弯处栽种一些，会增强纵深感，让小路看上去更长。

用种子培育花苗也很棒

花后的样子也有一定的观赏性。

Pulsatilla cernua

朝鲜白头翁

科别 / 毛茛科
原产地 / 亚洲、欧洲
类型 / 落叶宿根植物
花期 / 3—5 月　花径 / 4 ~ 5cm
花色 /
株高 / 10 ~ 30cm　宽幅 / 约 20cm
耐寒性 / ●●●　耐阴性 / ●●○
耐热性 / ●●○　耐闷热性 / ●●○
光照需求 / ●●○
水分需求 / ●●○
繁殖方法 / 分株
栽种时期 / 3—4 月，10—11 月

【特征】朝鲜白头翁是一种报春花，一般人以为是花瓣的部分其实是它的花萼，这是毛茛科植物的特征。它花后的形态像是白发苍苍的老人，因此被称为白头翁。虽然喜光照，但盛夏时节最好避开西晒。

【花园应用】开花时株高约 10cm，结种子时株高会增长到 30cm 左右，因此在造景之前要充分考虑到这些变化因素，提前做好布局。在日式庭院和欧式花园中都可以尝试栽种。

Osteospermum

骨子菊

科别 / 菊科　原产地 / 非洲
类型 / 落叶宿根植物
花期 / 4—7 月　花径 / 约 5cm
花色 /
株高 / 20 ~ 50cm
宽幅 / 约 20cm
耐寒性 /　耐阴性 /
耐热性 /　耐闷热性 /
光照需求 /
水分需求 /
繁殖方法 / 扦插
栽种时期 / 4—7 月

【特征】过去骨子菊的品种有限，如果光照不够就很难开花。近年来有不少新培育的杂交品种在市面上流通，花色多样，花形饱满，而其光照不足便难以开花的问题也得到了解决。

【花园应用】在日本，骨子菊每年 1—3 月就会有售，但如果此时买回去直接在开阔处地栽的话，会让植株受损甚至死亡。建议先栽种到花盆中，并放置于避风处，让它安然过冬。

Aquilegia vulgaris

欧耧斗菜

科别 / 毛茛科
原产地 / 欧洲
类型 / 落叶宿根植物
花期 / 4—7 月
花径 / 约 3cm
花色 /
株高 / 0.15 ~ 1m
宽幅 / 约 30cm
耐寒性 /　耐阴性 /
耐热性 /　耐闷热性 /
光照需求 /
水分需求 /
繁殖方法 / 分株、播种
栽种时期 / 2—3 月，9—11 月

‘诺拉·巴洛’
‘玫瑰巴洛’
‘蓝色巴洛’

【特征】欧耧斗菜品种众多，花形、叶色、株高各有不同，非常适合用于花园景观。虽然说栽种在向阳处和背阴处都可以生长，但一定要避开盛夏的西晒。此外，它对土壤的排水性也有一定要求。

【花园应用】虽说是多年生草本植物但寿命并不长，养了多年的老苗很容易患霉病，因此不如把它当作二年生植物来管理。可以直接把植株结的种子种在土中培育新苗。

Orthosiphon labiatus

鸡脚参

科别 / 唇形科　原产地 / 南非
类型 / 落叶宿根植物
花期 / 6—10 月　花径 / 约 4cm
花色 /
株高 / 0.6 ~ 1.2m　宽幅 / 约 40cm
耐寒性 / ●●○　耐阴性 / ●●○
耐热性 / ●●●　耐闷热性 / ●●●
光照需求 / ●●●
水分需求 / ●●●
繁殖方法 / 扦插
栽种时期 / 4—5 月，10—11 月（在温暖的地方）

【特征】在日本常被称为粉色鼠尾草，原产于南非，较耐寒。虽然它的花与鼠尾草极为相似，但它并非鼠尾草属植物，而是鸡脚参属的。

【花园应用】鸡脚参花期长且耐热性好，粉紫色花朵很适合用来装点夏季的花园。在冬季不太寒冷的地区，可以在鸡脚参基部铺一层厚厚的腐叶土，尝试让它在地栽的环境中过冬。但如果所在地区冬季温度过低，则建议将它移栽到花盆中，放到屋檐下养护。

Origanum rotundifolium 'Kent Beauty'

圆叶牛至'肯特美人'

科别 / 唇形科　原产地 / 欧洲
类型 / 落叶宿根植物
花期 / 6—7 月　花径 / 约 0.5cm
花色 /
株高 / 15 ~ 20cm
宽幅 / 约 20cm
耐寒性 / ●●●　耐阴性 / ●●○
耐热性 / ●●○　耐闷热性 / ●○○
光照需求 / ●●○
水分需求 / ●●○
繁殖方法 / 分株、扦插
栽种时期 / 3—4 月，10—11 月

【特征】牛至是常见的香草之一，而'肯特美人'则是其中观赏性极佳的园艺品种。它的苞片由绿色向粉色渐变，粉色的花朵还带有诱人的芳香。

【花园应用】很适合用来制作组合盆栽。非常不耐闷热，开花后如果疏于管理，很可能导致植株枯萎。建议在它开花后果断修剪，剪下来的枝条可以拿回家制成干花欣赏。

略泛红色的'精灵之歌'。

Gaura lindheimeri

山桃草

科别 / 柳叶菜科　原产地 / 北美洲
类型 / 落叶宿根植物
花期 / 5—10 月　花径 / 1.5 ~ 2.5cm
花色 /
株高 / 0.6 ~ 1.5m
宽幅 / 0.3 ~ 1m
耐寒性 / ●●●　耐阴性 / ●●○
耐热性 / ●●○　耐闷热性 / ●●○
光照需求 / ●●○
水分需求 / ●●○
繁殖方法 / 扦插、播种
栽种时期 / 3—4 月，10—11 月

【特征】茎直立、纤细，顶端生白色小花，随着时间的推移会逐渐变为粉色，花朵迎着微风如同蝴蝶翩翩起舞，因此也称白蝶草。

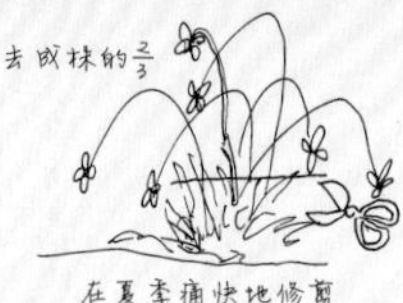

【花园应用】高挑的山桃草姿态优雅，很适合应用于空间广阔的自然风花园中。近年来市面上也有一些稍微矮一些的园艺品种出售，这些更适合盆栽。

Gazania

勋章菊

科别 / 菊科
原产地 / 南非
类型 / 落叶宿根植物
花期 / 四季开放
花径 / 3 ~ 10cm
花色 /
株高 / 15 ~ 30cm
宽幅 / 约 30cm
耐寒性 / 耐阴性 /
耐热性 / 耐闷热性 /
光照需求 /
水分需求 /
繁殖方法 / 分株、播种
栽种时期 / 2—3 月

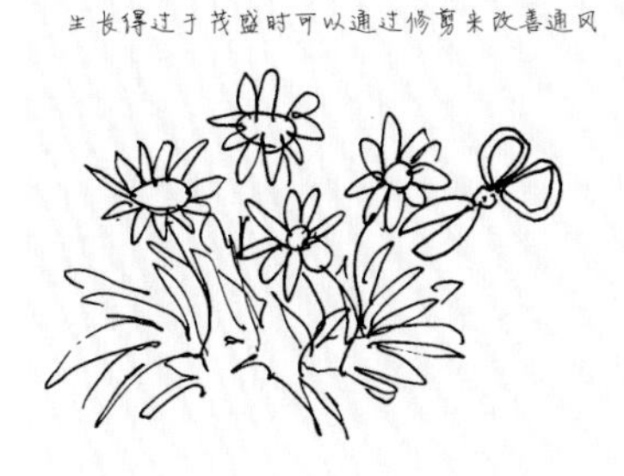

【特征】勋章菊比较低矮，具有一定的耐寒性，对光照的要求高，在缺少日照的地方无法开花。近年来经过不断改良，许多个性十足的品种不断培育出来，有的花径可达 10cm，很适合栽种在花盆中观赏。

【花园应用】常见勋章菊的花径为 3~4cm，可以作为地被植物应用，栽种在向阳且通风良好的地方会花开一片，极为吸引眼球。

各种各样的颜色和形状

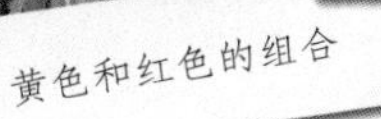

黄色和红色的组合

叶片泛着银光的品种

白花给人秀丽的印象

褐红色的薹草。

Carex oshimensis 'Evergold'

金丝薹草

科别 / 莎草科　原产地 / 新西兰
类型 / 常绿宿根植物
花期 / 4—6 月　花穗 / 约 4cm
花色 /
株高 / 30 ~ 40cm
宽幅 / 约 30cm
耐寒性 / 耐阴性 /
耐热性 / 耐闷热性 /
光照需求 /
水分需求 /
繁殖方法 / 分株
栽种时期 / 3—4 月，10—11 月

【特征】金丝薹草虽然比较强健但并不耐晒，喜欢干燥的全阴或半阴处。用花盆栽种的话要注意及时为其补充水分，夏季缺水很可能导致叶片干枯，影响美观。

【花园应用】适合栽种在宽阔的场所，或者沿着小路的边缘种植。与多种植物搭配在一起会为景观增添动感。及时修剪枯萎的叶片可以让植株在春季生出美丽的新叶。

叶片上有绿色、黄色、粉色、红色的条纹。

Canna 'Wyoming'

美人蕉'怀俄明'

科别 / 美人蕉科
原产地 / 北美洲、南美洲
类型 / 落叶球根植物
花期 / 8—10 月　花径 / 约 8cm
花色 / 　株高 / 1.5 ~ 1.8m
宽幅 / 60 ~ 70cm
耐寒性 / ☻☻☺　耐阴性 / ☻☺☺
耐热性 / ☻☻☻　耐闷热性 / ☻☻☻
光照需求 / ☻☻☻
水分需求 / ☻☻☺
繁殖方法 / 分株
栽种时期 / 5—6 月

【特征】美人蕉中的大型品种。在日照充足的地方，其叶片上的条纹会更加明显，与橙色的花朵相互映衬。

【花园应用】与银叶、黄色斑叶等彩叶搭配时观赏价值倍增。地栽时，在温度合适的情况下，可以在土表铺一层厚厚的腐叶土帮助其过冬；或者将种球挖出来放置在屋檐下等避风处管理。

美人蕉'曼谷'

Campanula samarkandensis 'Sarastro'

宿根风铃草'萨拉斯托'

科别 / 桔梗科
原产地 / 中国、日本，朝鲜半岛
类型 / 落叶宿根植物
花期 / 5—7 月
花径 / 6 ~ 7cm
花色 /
株高　/ 40 ~ 60cm
宽幅 / 约 30cm
耐寒性 / ☻☻☻　耐阴性 / ☻☻☺
耐热性 / ☻☻☺　耐闷热性 / ☻☻☺
光照需求 / ☻☻☺
水分需求 / ☻☻☺
繁殖方法 / 分株
栽种时期 / 3—4 月，10—11 月

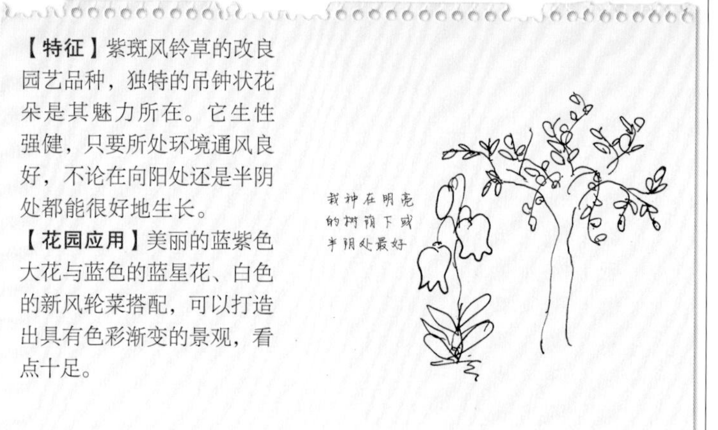

【特征】紫斑风铃草的改良园艺品种，独特的吊钟状花朵是其魅力所在。它生性强健，只要所处环境通风良好，不论在向阳处还是半阴处都能很好地生长。

【花园应用】美丽的蓝紫色大花与蓝色的蓝星花、白色的新风轮菜搭配，可以打造出具有色彩渐变的景观，看点十足。

其他紫色宿根风铃草

紫斑风铃草'婚礼钟'

阔叶风铃草

Platycodon grandiflorus

桔梗

科别 / 桔梗科
原产地 / 中国、日本，朝鲜半岛
类型 / 落叶宿根植物
花期 / 6—9 月
花径 / 4 ~ 5cm
花色 /
株高 / 约 50cm
宽幅 / 约 20cm
耐寒性 / ●●●
耐阴性 / ●●○
耐热性 / ●●●
耐闷热性 / ●●○
光照需求 / ●●○
水分需求 / ●●○
繁殖方法 / 分株、扦插
栽种时期 / 3—4 月，10—11 月

清秀的白花品种

【特征】饱满、可爱的花蕾和钟形花冠赋予了它“铃铛花”的别称。桔梗易于养护，可以作为中药使用。

【花园应用】桔梗可以在景观中用于连接高大树木和地被植物。它也有适合盆栽的低矮品种。如果栽种在花盆中，夏季要注意及时为其补水，否则很容易因缺水而死亡。

可以作为中药辅助治疗咽炎

Cimicifuga recemosa 'Brunette'

单穗升麻‘棕发’

科别 / 毛茛科　原产地 / 北美洲
类型 / 落叶宿根植物
花期 / 7—9 月　花径 / 约 0.5cm
花穗 / 约 20cm
花色 /
株高 / 1.2m　宽幅 / 30 ~ 40cm
耐寒性 / ●●●　耐阴性 / ●●●
耐热性 / ●●○　耐闷热性 / ●●○
光照需求 / ●●○
水分需求 / ●●●
繁殖方法 / 分株
栽种时期 / 3—4 月，10—11 月

【特征】北美洲原产的单穗升麻的铜叶品种，喜欢土壤肥沃的全日照或半日照环境，但不太耐热，要注意避开西晒。

【花园应用】花朵略带芳香，白色花穗和雅致的铜叶形成极佳的对比。

Chrysanthemum morifolium

杭菊

科别 / 菊科　原产地 / 中国

类型 / 落叶宿根植物

花期 / 9—11 月

花径 / 2.5 ~ 4cm

花色 /

株高 / 30 ~ 70cm

宽幅 / 约 30cm

耐寒性 / ●●●　耐阴性 / ●○○

耐热性 / ●●●　耐闷热性 / ●●○

光照需求 / ●●●

水分需求 / ●●○

繁殖方式 / 分株、扦插

栽种时期 / 无花苗 4—5 月，带花苗 10—11 月

如花束一样花团锦簇

浓墨重彩的魅力

点亮花坛的深红色花朵

【特征】 杭菊自古以来便深受人们喜爱，不论是作为盆栽植物还是鲜切花都很常见，世界各地不断有改良品种出现。每年秋季随着日照时间逐渐变短，杭菊会长出花芽，随后自然开花。

【花园应用】 从夏末起到整个秋季，市面上会有大量颜色、形态各不相同的花苗出售，很适合作为秋日的亮点应用于花园中。初春，其地下茎会生出很多芽，如果任由它们生长会影响通风，靠近基部的叶片会变难看，还会出现病虫害等问题，因此建议在春季对植株进行扦插更新。

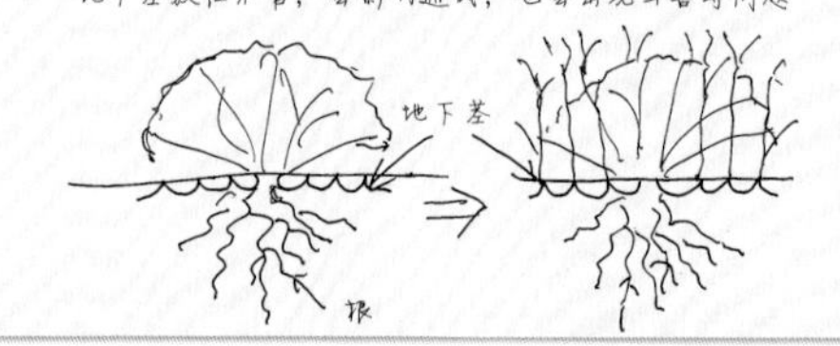

使画面变得明亮的黄花

温暖的橙色花朵

与叶片融为一体的绿色花朵

Helleborus

铁筷子

科别 / 毛茛科
原产地 / 亚洲、欧洲
类型 / 常绿宿根植物
花期 / 2—4 月　花径 / 4 ~ 6cm
花色 /
株高 / 30 ~ 60cm　宽幅 / 约 30cm
耐寒性 / ●●●　耐阴性 / ●●○
耐热性 / ●●○　耐闷热性 / ●●○
光照需求 / ●●○
水分需求 / ●●○
繁殖方式 / 分株
栽种时期 / 3—4 月，10—11 月

【特征】市面上流通的花苗主要是以东方铁筷子杂交而成的园艺品种。其形态和颜色都很丰富，个体差异也很明显，非常受欢迎。

【花园应用】铁筷子的一年小苗很便宜，但会有一定的个体差异，即使是同一个品种，长大后的花形和花色也可能不太一样。如果你的花园已经定好了主色调，那么选用分株得到的花苗或者直接用已经开花的苗比较好。铁筷子种在落叶树下效果最佳。

黑根铁筷子于圣诞节前后绽放，被称为圣诞玫瑰，现在这个称呼广泛用于铁筷子属植物

Clematis

铁线莲

科别 / 毛茛科
原产地 / 世界各地
耐寒性 / ●●●
耐阴性 / ●●○
耐热性 / ●●○
耐闷热性 / ●●○
光照需求 / ●●○
水分需求 / ●●○
繁殖方式 / 扦插
栽种时期 / 3—5 月

‘格拉芙泰美女’

类型 / 落叶宿根植物
花期 / 5—10 月
花径 / 4 ~ 5cm
花色 /
株高 / 约 2.5m

‘绿玉’

类型 / 落叶宿根植物
花期 / 5—10 月
花径 / 约 6cm
花色 /
株高 / 约 2.5m

‘茱莉亚夫人’

类型 / 落叶宿根植物
花期 / 5—10 月
花径 / 约 5cm
花色 /
株高 / 约 2.5m

铁线莲的不同品种

圆锥铁线莲

类型 / 半落叶宿根植物
花期 / 8—9 月
花径 / 2 ~ 3cm
花色 /
株高 / 约 4m

【特征】铁线莲大多为落叶攀缘植物，在世界各地都有原种，园艺品种更是众多，不同的品种花形和叶形也各异。

【花园应用】适合让其攀附着拱门、墙壁或者树木生长，打造出有立体感的景观。初学者可以选择重剪也能开花的品种，得克萨斯组、意大利组铁线莲就很不错。铁线莲中的常绿品种枝条会下垂生长，可以种植于花盆中摆放在高处。

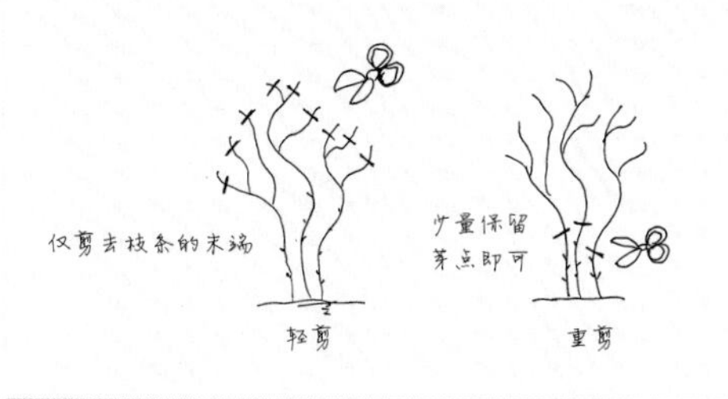

Trifolium repens

白车轴草（三叶草）

科别 / 豆科　原产地 / 欧洲
类型 / 常绿宿根植物　花期 / 4—6 月
花径 / 约 2cm
花色 /
株高 / 约 10cm
宽幅 / 30 ~ 40cm
耐寒性 / ☻☻☻　耐阴性 / ☻☻☺
耐热性 / ☻☻☺　耐闷热性 / ☻☻☺
光照需求 / ☻☻☻
水分需求 / ☻☻☺
繁殖方式 / 分株
栽种时期 / 3—4 月，9—11 月

【特征】图中为白车轴草的园艺品种，生命力旺盛，匍匐生长，有黑色、红色、绿色等多种叶色，也有 4 片叶片以上的多叶型品种。若是日照时间过短，就无法生出好看的叶色和更多的叶片，因此最好在向阳处种植。

【花园应用】市面上多以小苗出售，适用于组合盆栽，彩色叶片往往成为点睛之笔。

Crocosmia × Crocosmiiflora

雄黄兰

科别 / 鸢尾科　原产地 / 非洲
类型 / 落叶球根植物
花期 / 7—9 月　花径 / 3 ~ 5cm
花色 /
株高 / 0.6 ~ 1.2m
宽幅 / 30 ~ 40cm
耐寒性 / ☻☻☺　耐阴性 / ☻☻☺
耐热性 / ☻☻☻　耐闷热性 / ☻☻☻
光照需求 / ☻☻☻
水分需求 / ☻☻☺
繁殖方式 / 分株
栽种时期 / 4—5 月

【特征】强健且生命力旺盛，细长的叶片间抽生出长长的花茎，每根花茎前端都会生长约 20 朵花。

【花园应用】园艺改良种比原种更耐寒，冬季只需剪掉枯萎的叶片即可。鉴于它不需要太多关照，可种植在花园里不便管理的地方。

上图为美丽的‘约翰逊蓝’，右图为从春季开到秋季的‘比尔·沃利斯’。

Geranium

老鹳草

科别 / 牻牛儿苗科　原产地 / 亚洲、欧洲
类型 / 落叶宿根植物　花期 / 4—6 月
花径 / 2 ~ 5cm
花色 /
株高 / 30 ~ 60cm
宽幅 / 30 ~ 50cm
耐寒性 / ☻☻☻　耐阴性 / ☻☻☺
耐热性 / ☻☻☺　耐闷热性 / ☻☺☺
光照需求 / ☻☻☻
水分需求 / ☻☻☺
繁殖方式 / 分株、播种
栽种时期 / 3—4 月，10—11 月

‘约翰逊蓝’

大片开花后成为视线焦点

【特征】园艺品种众多，花色、叶色、花形各不相同。大多直立生长，枝叶四散展开，花朵在茎干顶端开放。非常耐寒，不喜欢高温高湿的环境。

【花园应用】随着气温上升会大量开花，栽种在向阳处可以填补其他植物间的空隙。‘约翰逊蓝’非常强壮，清爽的蓝色大花极为夺目。

上图为蓝眼郁金香，右图为土耳其郁金香。

Tulipa

原种郁金香

科别 / 百合科
原产地 / 地中海沿岸至中亚洲中部
类型 / 落叶球根植物　花期 / 3—4 月
花径 / 6 ~ 7cm　花色 /
株高 / 10 ~ 20cm
宽幅 / 5 ~ 10cm
耐寒性 / ●●●　耐阴性 / ●●○
耐热性 / ●●○　耐闷热性 / ●●○
耐闷热性 / ●●○
光照需求 / ●●○
繁殖方式 / 分株
栽种时期 / 9—12 月

【特征】与色彩丰富的园艺品种不同，原生种郁金香更为自然朴素，适合为花园增添野趣。园艺品种不耐热，新栽的花苗难以度夏；相比之下，强健的原生种即使种下后两三年不管，也能开花。

【花园应用】将原生种郁金香像葡萄风信子、番红花、雪花莲等小型球根植物一样栽种在花丛中或者制成组合盆栽都很不错。

在砖块间也可以生长

Coreopsis verticillata 'Zagreb'

轮叶金鸡菊‘萨格勒布’

科别 / 菊科
原产地 / 北美洲
类型 / 落叶宿根植物
花期 / 6—9 月
花径 / 3 ~ 4cm
花色 /
株高 / 30 ~ 50cm
宽幅 / 20 ~ 25cm
耐寒性 / ●●●　耐阴性 / ●○○
耐热性 / ●●●　耐闷热性 / ●●○
光照需求 / ●●●
水分需求 / ●○○
繁殖方式 / 分株、扦插
栽种时期 / 3—4 月

‘萨格勒布’的后方是金鸡菊‘金条’，它们和景天‘巧克力硬糖’等红花黑茎的植物搭配种植，产生了强烈的对比。

【特征】‘萨格勒布’叶片纤细，这一点和波斯菊很像。分枝较多，花量大，花期较长，花色明亮。喜阳，耐旱，在干燥的土地上也能茁壮生长。

【花园应用】红色的鼠尾草、橙色的美人蕉等花期基本相同的暖色系植物可以突显‘萨格勒布’亮黄色的花朵，营造出热带风情。

干燥环境下也很强健

Salvia

宿根鼠尾草

科别 / 唇形科
原产地 / 欧洲、亚洲，美国、墨西哥等
类型 / 落叶宿根植物
花期 / 5—11 月
花径 / 约 0.5cm
花穗高 / 15 ~ 25cm
花色 /
株高 / 0.5 ~ 1m
宽幅 / 30 ~ 50cm
耐寒性 /
耐阴性 /
耐热性 /
耐闷热性 /
光照需求 /
水分需求 /
繁殖方式 / 播种、分株、扦插
栽种日期 / 3—4 月，10—11 月

天蓝鼠尾草

墨西哥鼠尾草

玫瑰叶鼠尾草

蓝花鼠尾草

【特征】据说鼠尾草有 900 多个品种，而不同的品种，其原产地、株型、花形等特性也不尽相同。其中耐寒的品种虽多，但也有不少不耐寒的品种，比如原产于墨西哥的玫瑰叶鼠尾草、蓝花鼠尾草等。针对这些品种，可以把它们当作一年生植物栽培，或者冬季将它们移进室内防寒。

【花园应用】鼠尾草大多花期较长，叶色和花姿也富于变化，可以让景观更灵动多变。相对高大的品种适合栽种在景观的中后方，让整个场景更为充实。每年 9 月下旬之后天气开始转凉，鼠尾草的花色会变得愈发鲜艳，让人流连忘返。

不同品种的鼠尾草有各种不同的别称

将鼠尾草与高挑的植物栽种在一起，花圃会变得很好看

林荫鼠尾草

Jamesbrittenia hybrid

雨地花

科别 / 玄参科　原产地 / 非洲
类型 / 常绿宿根植物　花期 / 5—11 月
花径 / 约 1.5cm　花色 /
株高 / 约 30cm　宽幅 / 约 30cm
耐寒性 /
耐阴性 /
耐热性 /
耐闷热性 /
光照需求 /
水分需求 /
繁殖方式 / 扦插
栽种日期 / 5—6 月

【特征】园艺品种过去不耐闷热，改良后有所改善。开鲜红色花朵的品种人气很高。

【花园应用】雨地花种下后会随意地四向生长，用于组合盆栽或者吊篮可以增加动感。相对耐热的品种可以种在院子里，但它们不耐寒，冬季最好移至室内。

Scilla Siberica

西伯利亚蓝钟花

科别 / 百合科
原产地 / 乌克兰、俄罗斯、伊朗
类型 / 落叶球根植物
花期 / 3—4 月
花径 / 1.5 ~ 2cm
花色 /
株高 / 10 ~ 15cm
宽幅 / 约 5cm
耐寒性 /　耐阴性 /
耐热性 /　耐闷热性 /
光照需求 /
水分需求 /
繁殖方式 / 播种、分株
栽种日期 / 9—11 月

【特征】种下后不需要过多关照也会每年开花。耐寒性好，在向阳处或半阴处都可以生长。

【花园应用】早春的花园色彩略显不足，垂头绽放的西伯利亚蓝钟花格外惹人怜爱。建议将它栽种在花园小道旁相对显眼的地方。花和叶都枯萎后将种球挖出来，此时可以对其进行分株，等到 9—11 月再种下，又能再度开花。

西伯利亚蓝钟花的小伙伴们

温柔的‘粉红皇后’

蓝铃花

蓝铃花与西伯利亚蓝钟花有些相似，花朵呈吊钟形，花量大。

Silene vulgaris

白玉草

科别 / 石竹科　原产地 / 欧洲
类型 / 常绿宿根植物　花期 / 6—8 月
花径 / 约 1.5cm
花色 /
株高 / 约 60cm
宽幅 / 约 40cm
耐寒性 / ●●●　耐阴性 / ●●○
耐热性 / ●●○　耐闷热性 / ●●○
光照需求 / ●●○
水分需求 / ●●●
繁殖方式 / 播种
栽种日期 / 3—4 月

【特征】花朵的形态很有趣，像一个个充满气的小气球，生长在纤细的茎干末端，外部分布着粉色的网状纹路，让人联想到孔明灯。

【花园应用】耐旱性差，盛夏要避免西晒。虽然每一朵花都很小，但是数株聚集栽种的效果非常好。

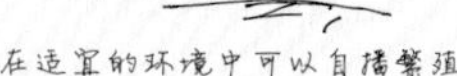

Senecio cineraria

银叶菊

科别 / 菊科　原产地 / 欧洲南部
类型 / 常绿宿根植物　花期 / 6—8 月
花径 / 约 0.5cm　花色 /
株高 / 10 ~ 60cm　宽幅 / 30 ~ 40cm
耐寒性 / ●●●
耐阴性 / ●○○
耐热性 / ●●○
耐闷热性 / ●●●
光照需求 / ●●●
水分需求 / ●●○
繁殖方式 / 扦插
栽种日期 / 3—4 月，9—11 月

【特征】深裂的叶片呈美丽的银白色，花多呈黄色，可以剪切下来做成鲜切花或干花。

【花园应用】小苗常用于冬季的组合盆栽以突出其银叶。在花园中则可以与生长着深色叶片或花朵的植物搭配栽种在花境边缘，勾勒出独特的雅致画面。和白花、带斑纹的彩叶植物搭配在一起会显得很清爽。

Anemone hupehensis var. *japonica*

秋牡丹（秋明菊）

科别 / 毛茛科　原产地 / 中国
类型 / 落叶宿根植物　花期 / 8—10 月
花径 / 约 5cm
花色 /
株高 / 0.5 ~ 1m
宽幅 / 约 40cm
耐寒性 / ●●●　耐阴性 / ●●○
耐热性 / ●●○　耐闷热性 / ●●○
光照需求 / ●●○
水分需求 / ●●●
繁殖方式 / 分株
栽种日期 / 4—5 月，9—11 月

【特征】秋季，植株繁茂的叶片间抽生出花茎并分枝，末端会开几朵可人的花朵。适合栽种在光照良好的地方。耐寒性好，但不耐旱，环境过于干燥会导致叶片和花芽受损，即使是地栽也需要注意补水。

【花园应用】生命力旺盛，花期可能会长到 1m 高，所以最好种在开阔的场所。若是想栽种于狭小空间或花盆中，可以试着寻找一些矮生品种。

虽然名字里有"牡丹"或"菊"字，但其实是银莲花属的植物

Rivina humilis

数珠珊瑚（蕾芬）

科别 / 商陆科
原产地 / 美洲
类型 / 常绿宿根植物
花期 / 5—10 月 花径 / 约 0.3cm
花色 /
株高 / 60 ~ 70cm
宽幅 / 约 30cm
耐寒性 / 耐阴性 /
耐热性 / 耐闷热性 /
光照需求 / 水分需求 /
繁殖方式 / 扦插、播种
栽种日期 / 5—6 月

【特征】一串串鲜艳而有光泽的红色果实十分可爱。生性强健，耐热性好，花期从初夏一直持续到秋季。就算在气候温暖之处，其地上部分也容易在冬季枯萎，春季会重新生长。在寒冷地区则需在冬季将其移入室内防寒。

【花园应用】可以盆栽，但若缺水可能会导致无法结果实。地栽则要避免夏季烈日灼伤叶片，最好栽种在半阴处或明亮的背阴处。

适合日式、欧式的花园

Scabiosa atropurpurea

紫盆花

科别 / 川续断科
原产地 / 欧洲
类型 / 常绿宿根植物
花期 / 6—10 月
花径 / 约 5cm
花色 /
株高 / 0.8 ~ 1m
宽幅 / 约 30cm
耐寒性 / 耐阴性 /
耐热性 / 耐闷热性 /
光照需求 /
水分需求 /
繁殖方式 / 扦插、播种
栽种日期 / 3—4 月，10—11 月

较矮的品种

【特征】植株丛生，在不断抽生的细茎顶端绽放一朵朵小花。株高较高的品种常以鲜切花的形式在市面流通，也有相对较矮的品种。虽然是多年生植物，但不耐高温高湿，是度夏“困难户”，因此常被当作一、二年生植物栽培。

【花园应用】如果放任其长到 1m 高，植株会很容易被风吹倒。为了避免这种状况，修剪时建议直接剪到植株一半的高度，将花控制在较低的位置开放，在防止倒伏的同时，还能促使植株分枝，生出更多的花朵。

耐旱

注意土壤不可过湿

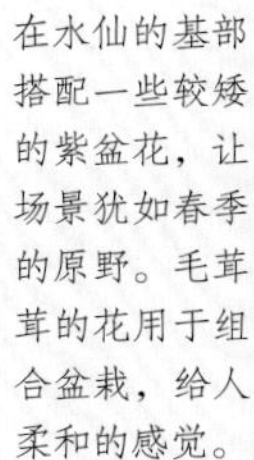

在水仙的基部搭配一些较矮的紫盆花，让场景犹如春季的原野。毛茸茸的花用于组合盆栽，给人柔和的感觉。

Stokesia laevis

琉璃菊

科别 / 菊科　原产地 / 北美洲
类型 / 常绿宿根植物
花期 / 6—10 月　花径 / 7 ~ 8cm
花色 /
株高 / 40 ~ 50cm
宽幅 / 25 ~ 35cm
耐寒性 / ●●●　耐阴性 / ●●○
耐热性 / ●●●　耐闷热性 / ●●○
光照需求 / ●●●
水分需求 / ●●○
繁殖方式 / 分株、播种
栽种日期 / 3—4 月

【特征】琉璃菊像放大版的矢车菊，花色较淡。花后应尽快修剪，结种子会影响植株的生长。它生长速度很快，可能会影响到其他植物，最好每两三年进行一次分株。

【花园应用】颜色干净清爽，非常适合夏季的花园。栽种时最好在植物之间提前留足间距。

Perilepta dyeriana

红背耳叶马蓝

科别 / 爵床科　原产地 / 缅甸
类型 / 常绿宿根植物
花期 / 9—10 月　花径 / 约 3cm
花色 /
株高 / 60 ~ 80cm
宽幅 / 约 30cm
耐寒性 / ●○○　耐阴性 / ●●○
耐热性 / ●●○　耐闷热性 / ●●○
光照需求 / ●●○
水分需求 / ●●○
繁殖方式 / 扦插
栽种日期 / 5—6 月

【特征】叶片略泛银色，在阳光的照射下带有金属质感，叶脉呈玫红色，边缘具锯齿。与花相比，红背耳叶马蓝的彩叶更具观赏价值。虽说是多年生植物，但耐寒性很弱，冬季要移至室内养护。

【花园应用】无论是盆栽还是地栽都很不错，叶片的独特质感让它能在一众植物中脱颖而出，为景观营造良好的层次感。

Acorus gramineus 'Ogon'

金叶石菖蒲

科别 / 天南星科　原产地 / 亚洲东部
类型 / 常绿宿根植物　花期 / 4—5 月
花径 / 约 0.1cm　花穗 / 3 ~ 5cm
花色 /
高度 / 20 ~ 30cm
宽幅 / 20 ~ 25cm
耐寒性 / ●●●　耐阴性 / ●●●
耐热性 / ●●○　耐闷热性 / ●●○
光照需求 / ●●○
水分需求 / ●●●
繁殖方式 / 分株
栽种日期 / 3—4 月，10—11 月

【特征】湿地常见的野生植物，叶片细长，容易和麦冬混淆。四季常青，耐阴且耐寒，自古就是树木下和背阴处常用的地被植物。

【花园应用】株型低矮，在背阴处也能茁壮生长。充分利用其叶片的颜色，在半阴处的建筑物或地砖之间营造出自然随意的感觉。

Sedum ‘Chocolate Drop’

景天‘巧克力硬糖’

科别 / 景天科　原产地 / 欧洲
类型 / 落叶宿根植物　花期 / 7—10 月
花径 / 约 0.5cm
花色 /
株高 / 30 ~ 50cm
宽幅 / 约 30cm
耐寒性 / ●●●　耐阴性 / ●○○
耐热性 / ●●●　耐闷热性 / ●●○
光照需求 / ●●●
水分需求 / ●○○
繁殖方式 / 分株、扦插
栽种日期 / 3—4 月，9—11 月

【特征】八宝景天的园艺品种，茎、叶、花都呈深红色。非常耐旱，在贫瘠的土地上也能生长，但日照不足会导致叶色寡淡。如果栽种在向阳且排水好的地方，就可以每年都欣赏了。

【花园应用】容易打理，冬季将地上枯萎的部分剪除即可。花后结的种子也很可爱，即使没有及时修剪残花也不会影响植株生长。

Senecio leucostachys

白斑千里光

科别 / 菊科　原产地 / 阿根廷
类型 / 常绿宿根植物　花期 / 4—5 月
花径 / 约 0.5cm
花色 /
株高 / 约 60cm
宽幅 / 约 30cm
耐寒性 / ●●●　耐阴性 / ●○○
耐热性 / ●●○　耐闷热性 / ●●○
光照需求 / ●●●
水分需求 / ●●○
繁殖方式 / 扦插
栽种日期 / 4—5 月

【特征】白斑千里光既耐热又耐寒，春季开放奶白色的小花。叶片和银叶菊很像，但叶裂更深。银叶菊的叶片在环境温度升高时会变绿，而白斑千里光的叶片则会一直保持银色。

【花园应用】可以将小苗作为彩叶植物应用于组合盆栽中，地栽则要选择光照充足的地方。白斑千里光的枝条生长迅速，要经常打顶摘心，促进侧枝生长，让植株的形态更好看。

摘心后生出更多侧枝，
显得愈发茂密

Centaurea cyanoides ‘Blue Carpet’

矢车菊‘蓝色地毯’

科别 / 菊科　原产地 / 地中海沿岸地区
类型 / 常绿宿根植物　花期 / 4—7 月
花径 / 约 3cm
花色 /
株高 / 约 15cm
宽幅 / 约 25cm
耐寒性 / ●●●　耐阴性 / ●●○
耐热性 / ●○○　耐闷热性 / ●●○
光照需求 / ●●●
水分需求 / ●●○
繁殖方式 / 播种
栽种日期 / 2—4 月

【特征】与株高较高的矢车菊不同，‘蓝色地毯’的枝条匍匐生长，蓝色的花朵满地绽放，非常清爽。虽说是多年生植物，但由于不耐热，难以度夏，常常被当成一、二年生植物养护。

【花园应用】可以作为地被植物打造自然氛围。在组合盆栽中栽种在相对靠下的位置，可以为作品添色不少。

Dahlia

大丽花

科别 / 菊科
原产地 / 美洲中南部
类型 / 落叶球根植物
花期 / 6—10 月
花径 / 5 ~ 25cm
花色 /
高株 / 0.4 ~ 1.2m
宽幅 / 30 ~ 50cm
耐寒性 / 耐阴性 /
耐热性 / 耐闷热性 /
光照需求 /
水分需求 /
繁殖方式 / 播种、分株、扦插
栽种日期 / 4—5 月

【特征】根据品种的不同，有单瓣、重瓣等不同的花形，还有雅致的铜叶品种。夏季花开不断，但也会影响植株的状态，随着时间的推移花径会逐渐变小，大花品种尤为明显。如果在梅雨季之后修剪，放弃夏花，可以让植株保存体力，到秋季开出健壮的花来。

【花园应用】‘黑骑士’‘牛津主教’‘多佛主教’等品种的深色叶片与明亮的花色形成鲜明对比，观赏性极佳，是夏、秋季花园中必不可少的植物。

剪掉春季长出来的枝条会生出更多侧枝，花也会更多

大花品种的花朵比较重，容易倒伏，还可能被风吹断，最好提供一定的支撑。

‘黑蝶’

‘多佛主教’

‘黑骑士’

‘牛津主教’

铜叶大丽花‘永恒’

Caryopteris incana

兰香草

科别 / 马鞭草科
原产地 / 中国、日本、朝鲜
类型 / 落叶宿根植物
花期 / 7—9 月　花径 / 约 0.5cm
花色 /
株高 / 0.5 ~ 1m　宽幅 / 约 40cm
耐寒性 / ●●○　耐阴性 / ●●○
耐热性 / ●●●　耐闷热性 / ●●●
光照需求 / ●●●
水分需求 / ●●●
繁殖方式 / 分株、扦插、播种
栽种日期 / 4—5 月，9—11 月

【特征】夏、秋两季抽生花茎，在枝节上生出紧密的聚伞花序，花朵从下往上一层层开放。在温暖的地方会长得非常茂盛，耐寒能力弱，如果所处地区冬季最低温低于 -5℃，就需要为其防寒。

【花园应用】可以在花盆中栽种，生命力旺盛，根系很容易长满盆。土壤过于干燥会导致枝梢枯萎，造成植物无法开花。花朵开放后会吸引大量蝴蝶、蜜蜂聚集，形成一幅蝶飞蜂舞的画面。

Cosmos atrosanguineus

巧克力秋英

科别 / 菊科　原产地 / 墨西哥
类型 / 落叶宿根植物
花期 / 6—7 月，9—11 月
花径 / 3 ~ 4cm　花色 /
株高 / 30 ~ 60cm
宽幅 / 20 ~ 35cm
耐寒性 / ●●○　耐阴性 / ●●○
耐热性 / ●●○　耐闷热性 / ●●○
光照需求 / ●●○
水分需求 / ●●○
繁殖方式 / 分株、扦插
栽种日期 / 4—5 月，9—10 月

【特征】巧克力秋英因其花色和花香而得名。原生种不耐热，栽培难度高，相比之下，与波斯菊杂交得到的品种要强健得多。可以在温暖的地区栽种，0℃以下需要防寒。

【花园应用】常与狼尾草、箱根草等纤细飘逸的观赏草一起为秋季的花园增香添色。

上图为‘天星’，下图为带有清爽斑纹的‘浮云锦’。

Farfugium japonicum

大吴风草

科别 / 菊科　原产地 / 中国、日本
类型 / 常绿宿根植物
花期 / 9—11 月　花径 / 3 ~ 4cm
花色 /
株高 / 20 ~ 50cm
宽幅 / 30 ~ 50cm
耐寒性 / ●●○　耐阴性 / ●●●
耐热性 / ●●○　耐闷热性 / ●●○
光照需求 / ●●○
水分需求 / ●●●
繁殖方式 / 分株
栽种日期 / 4—6 月

【特征】园艺品种众多，不同品种的花有重瓣的、半重瓣的，叶片的颜色和斑纹也各不相同。

【花园应用】喜阴，树荫下是最适宜的栽培场所。虽说常用来打造日式庭院，但只要选好品种，也能适应欧式花园。叶片带有斑纹或边缘有皱褶的品种典雅而别致，可以给花园带来一些别样的风采。

Tiarella

黄水枝

科别 / 虎耳草科　原产地 / 北美洲、亚洲
类型 / 常绿宿根植物　花期 / 4—6 月
花径 / 约 0.5cm
花色 /
株高 / 约 30cm
宽幅 / 约 25cm
耐寒性 / ●●●　耐阴性 / ●●●
耐热性 / ●●○　耐闷热性 / ●●○
光照需求 / ●●○
水分需求 / ●●○
繁殖方式 / 分株
栽种日期 / 3—4 月，10—11 月

【特征】春季到初夏抽生许多白色到粉色渐变的花穗。耐高温高湿，地栽的话基本不需要打理。

【花园应用】适合栽种在半阴处或树荫下。颜色不及红花矾根鲜艳，但紧凑的株型和直立的花穗惹人喜爱。

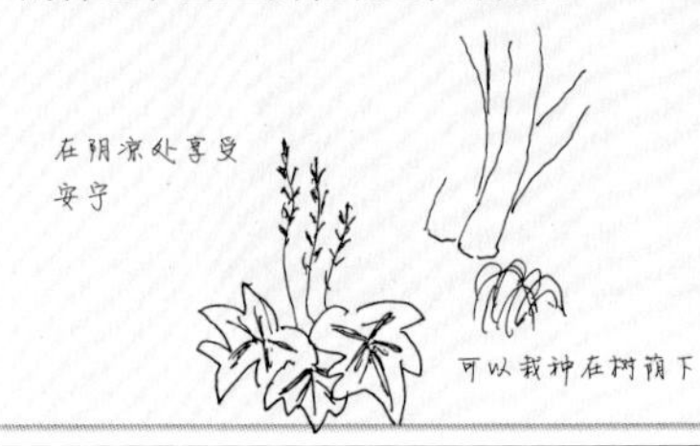

Kniphofia

火把莲

科别 / 百合科　原产地 / 非洲
类型 / 常绿宿根植物
花期 / 6—10 月
花径 / 约 0.5cm
花色 /
株高 / 0.6 ~ 1.5m
宽幅 / 0.4 ~ 1m
耐寒性 / ●●○　耐阴性 / ●●○
耐热性 / ●●●　耐闷热性 / ●●○
光照需求 / ●●●
水分需求 / ●●○
繁殖方式 / 分株
栽种日期 / 4—5 月

【特征】虽说是火把莲，但具体到每种植物的名称大多以火炬花命名。从茂密而细长的叶片间冒出一根根花茎，筒形小花汇聚开放，非常可爱。这类植物总体来说生性强健，易于养护。

【花园应用】其株型相对高大，栽种在开阔的地方更有气势。如果想在小花园或花盆中种植，最好选择经过改良的小型品种。

Dianthus chinensis

石竹

科别 / 石竹科
原产地 / 亚洲、欧洲
类型 / 常绿宿根植物
花期 / 四季或夏季
花径 / 1.5 ~ 2cm
花色 /
株高 / 15 ~ 60cm　宽幅 / 15 ~ 30cm
耐寒性 / ●●●　耐阴性 / ●●○
耐热性 / ●●○　耐闷热性 / ●●○
光照需求 / ●●○　水分需求 / ●●○
繁殖方式 / 播种、分株、扦插
栽种日期 / 2—4 月，9—11 月

石竹长势迅猛

Anisocampium niponicum ‘Dragon Tails’

日本安蕨‘龙尾’

科别 / 蹄盖蕨科　原产地 / 日本
类型 / 落叶宿根植物
高度 / 约 40cm
宽幅 / 约 40cm
耐寒性 / ●●●
耐阴性 / ●●●
耐热性 / ●●●
耐闷热性 / ●●●
光照需求 / ●●○
水分需求 / ●●●
繁殖方式 / 分株
栽种日期 / 3—5 月，9—11 月

【特征】‘龙尾’是日本安蕨的园艺品种，茎呈紫红色，在阴凉湿润的环境下颜色格外突出。既耐热又耐寒，讨厌强日照和干燥环境。

【花园应用】略泛银色的叶片让它在耐阴植物中脱颖而出。它会在冬季落叶，可搭配圣诞玫瑰和矾根等常绿植物，让景观不会在冬日显得过于寂寥。

Phormium tenax

新西兰麻（麻兰）

科别 / 百合科　原产地 / 新西兰
类型 / 常绿宿根植物
花期 / 7—8 月　花径 / 5 ~ 10cm
花色 /
株高 / 0.4 ~ 2m
宽幅 / 0.4 ~ 1.6m
耐寒性 / ●●○　耐阴性 / ●●○
耐热性 / ●●○　耐闷热性 / ●●○
光照需求 / ●●○
水分需求 / ●○○
繁殖方式 / 分株
栽种日期 / 5—6 月

【特征】新西兰麻经过不断改良，株高从 0.4m 到 2m 的应有尽有，叶色有的为棕红色，有的呈绿色，有的带粉色斑纹，色彩丰富，品种多样。

【花园应用】小型品种和黑麦冬、阔叶山麦冬类似，可以让景观看上去更紧凑。大型品种存在感比较强，适合栽种在开阔的地方。

瓣中有鲜艳的红色花纹的‘狮子山’

喜日照的单季节开花品种‘黑熊’

【特征】在日本，野生品种常常在河边的石头间生长。总体来说喜欢光照、排水、通风良好的地方，土壤也不能过于干燥。单季节开花的品种只在初夏开花，‘通信卫星’等园艺品种可以四季开放。

【花园应用】四季开花的品种株型紧凑，更适合组合盆栽。较为高挑的品种可以和其他线条纤细的植物搭配在一起。颜色雅致的‘黑熊’更适合应用于花坛中。

Verbena hastata

多穗马鞭草

科别 / 马鞭草科　原产地 / 北美洲
类型 / 落叶宿根植物
花期 / 6—9 月
花径 / 约 0.5cm　花色 /
株高 / 0.6 ~ 1m
宽幅 / 约 40cm
耐寒性 / ●●●　耐阴性 / ●●○
耐热性 / ●●●　耐闷热性 / ●●●
光照需求 / ●●●
水分需求 / ●●●
繁殖方式 / 扦插、播种
栽种日期 / 3—5 月，9—11 月

【特征】 多穗马鞭草拥有像箭一样的尖头花穗，小花从下往上渐次绽放。花后及时修剪可以让它在较低的位置再度开花，延长观赏时间。

【花园应用】 生命力旺盛，不建议与其他植物混合栽种在花盆中。地栽的话基本不需要打理，只是由于它植株较大，最好栽种在宽敞的地方。

Sutera

雪朵花

科别 / 玄参科　原产地 / 非洲
类型 / 常绿宿根植物
花期 / 3—6 月，9—11 月
花径 / 0.7 ~ 1.5cm　花色 /
株高 / 10 ~ 15cm
宽幅 / 25 ~ 35cm
耐寒性 / ●●○　耐阴性 / ●●○
耐热性 / ●●○　耐闷热性 / ●○○
光照需求 / ●●●
水分需求 / ●●○
繁殖方式 / 扦插
栽种日期 / 4—6 月，9—11 月

花期较长　适合与其他植物搭配栽种在吊篮中

【特征】 绽放着可爱小花的茎干横向生长，除了盛夏和隆冬无花之外，其他时期会一直开花，观赏期很长。园艺品种繁多，有大花品种、重瓣品种、花叶品种等。无法忍受0℃以下的寒冷天气和高温高湿的环境。

【花园应用】 在适当的环境中可以生长成地被植物。为了方便养护，更适合以花盆种植。夏季将其放置到凉爽的半阴处，冬季移到屋檐下防寒，帮助它健康成长。

Aspidistra elatior

一叶兰

科别 / 百合科
原产地 / 中国、日本
类型 / 常绿宿根植物　花期 / 4 月
花径 / 约 3cm
花色 /
株高 / 约 1m　宽幅 / 0.8 ~ 1m
耐寒性 / ●●○　耐阴性 / ●●●
耐热性 / ●●○　耐闷热性 / ●●●
光照需求 / ●●○
水分需求 / ●●●
繁殖方式 / 分株
栽种日期 / 4—5 月，9—10 月

【特征】 一叶兰的大型叶片会直接自地下茎抽生出来，强烈的日照会将其灼伤，建议栽种在全阴或半阴处。它基本不需要护理，但也不耐极端干燥的环境。作为人气颇高的花园植物，在亚洲和欧洲都很受欢迎。

【花园应用】 可以和玉簪、大吴风草等植物搭配栽种在花园的阴凉处，高大而充满生机的样子非常吸引眼球。

朴素的花朵贴地开放，常被茂密的叶片遮挡住，不显眼

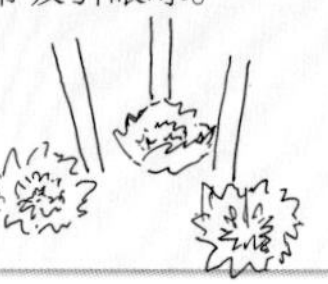

Cortaderia selloana

蒲苇

科别 / 禾本科
原产地 / 巴西、阿根廷、智利
类型 / 常绿宿根植物 花期 / 8—10 月
花穗长 / 30 ~ 70cm
花色 /
株高 / 1.5 ~ 3m 宽幅 / 1 ~ 2m
耐寒性 / ☺☺☺ 耐阴性 / ☺☺☺
耐热性 / ☺☺☺ 耐闷热性 / ☺☺☺
光照需求 / ☺☺☺
水分需求 / ☺☺☺
繁殖方式 / 分株
栽种日期 / 4—5 月

【特征】蒲苇分为雄株和雌株，雌株的花穗更美，观赏价值更高，高大的花穗常被做成切花和干花。如今，在温暖地区可以看到一些野生蒲苇，但由于它不太耐寒，在寒冷地区较少见。

【花园应用】株型高大的品种在宽敞的地方显得威风凛凛，也有一些相对较小的品种株高在1.5m 左右。

Hyacinthus orientalis

风信子

科别 / 天门冬科
原产地 / 地中海沿岸地区、亚洲西部
类型 / 落叶球根植物 花期 / 2—4 月
花径 / 约 2.5cm
花色 /
株高 / 20 ~ 50cm 宽幅 / 约 10cm
耐寒性 / ☺☺☺ 耐阴性 / ☺☺☺
耐热性 / ☺☺☺ 耐闷热性 / ☺☺☺
光照需求 / ☺☺☺
水分需求 / ☺☺☺
繁殖方式 / 分株
栽种日期 / 9—11 月

【特征】肉质的叶片展开后，叶丛中心会抽生粗壮的花茎，顶端长出穗状花序。秋季将种球种下，春季就会收获密集可爱的花朵，香味浓郁。

【花园应用】在花园里集中种上几株，让本有些落寞的角落也变得艳丽起来，一片春意盎然。虽说同一株风信子连续栽种两三年也能每年开花，但花朵会逐渐变小，不复最初的华美。不过，小巧朴素的感觉也不错。

上图为‘琥珀波浪’，右图为开花的矾根。

Heuchera

矾根

科别 / 虎耳草科
原产地 / 北美洲，墨西哥
类型 / 半落叶宿根植物
花期 / 5—7 月 花径 / 约 0.5cm
花色 /
株高 / 40 ~ 70cm 宽幅 / 约 30cm
耐寒性 / ☺☺☺ 耐阴性 / ☺☺☺
耐热性 / ☺☺☺ 耐闷热性 / ☺☺☺
光照需求 / ☺☺☺
水分需求 / ☺☺☺
繁殖方式 / 分株、扦插
栽种日期 / 3—4 月，9—11 月

【特征】叶色丰富，在耐阴植物中极具人气。它与黄水枝的杂交品种在花形、叶色、叶形方面都很出色。盛夏的西晒容易灼伤叶片，不过如果所处环境光线过弱，也会让叶色变得普通甚至难看。

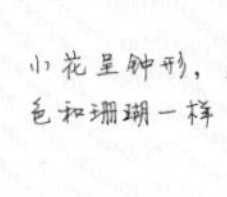

【花园应用】可栽种在地砖的空隙中，也可作为地被植物种植。小苗常作为彩叶植物用于组合盆栽中。

Physostegia virginiana

随意草（假龙头花）

科别 / 唇形科　原产地 / 北美洲
类型 / 落叶宿根植物　花期 / 6—9 月
花径 / 约 2cm
花色 /
株高 / 60 ~ 80cm
宽幅 / 约 30cm
耐寒性 / ●●●　耐阴性 / ●●○
耐热性 / ●●●　耐闷热性 / ●●●
光照需求 / ●●○
水分需求 / ●●○
繁殖方式 / 分株、扦插
栽种日期 / 3—4 月，9—11 月

【特征】穗状花序顶生，花朵呈筒状，自下而上开放，花期长。在向阳处和半阴处皆可生长，非常耐热，也耐寒。

【花园应用】地下茎极为发达，在宽阔的场所种上几株就已足够。如果栽种在空间狭小的地方导致它生长过密，会影响环境的通风性和其他植物的发育，此时可以通过分株调整植物布局。

Hakonechloa macra

箱根草

科别 / 禾本科　原产地 / 日本
类型 / 落叶宿根植物　花期 / 8—10 月
花穗 / 15 ~ 20cm　花色 /
株高 / 约 40cm　宽幅 / 0.8 ~ 1m
耐寒性 / ●●●
耐阴性 / ●●○
耐热性 / ●●●
耐闷热性 / ●●●
光照需求 / ●●○
水分需求 / ●●●
繁殖方式 / 分株
栽种日期 / 3—5 月

【特征】市面上流通的多为金叶品种，金色的叶片中间有一条绿色的纹路，让人印象深刻。冬季可以直接将地上部分割去，夏季要注意避开西晒。若是以花盆栽种，要尤其留意土壤的干燥程度，及时为植株补水。

【花园应用】箱根草虽然花量不大，但花枝和叶片一起随风摇曳的样子能为夏日花园带去几分清爽，金叶品种更是会让人眼前一亮。

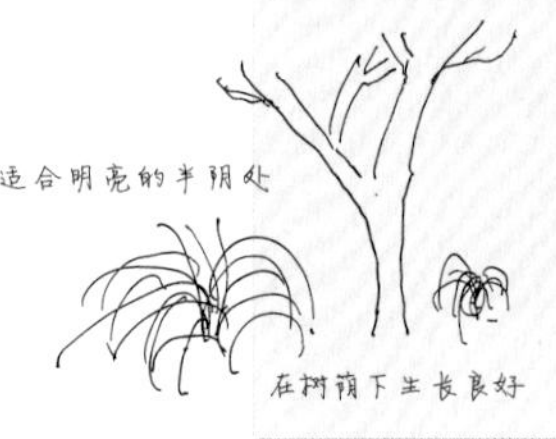

Eupatorium fortunei

佩兰

科别 / 菊科
原产地 / 中国、日本，朝鲜半岛
类型 / 落叶宿根植物　花期 / 7—11 月
花径 / 约 0.5cm
花色 /
株高 / 1 ~ 2m　宽幅 / 约 40cm
耐寒性 / ●●●　耐阴性 / ●●○
耐热性 / ●●●　耐闷热性 / ●●●
光照需求 / ●●●
水分需求 / ●●●
繁殖方式 / 分株、扦插
栽种日期 / 3—5 月，9—11 月

【特征】茎褐红色，中部茎叶较大，多呈三全裂或三深裂；秋季于茎干顶端绽放粉色或白色的小花。整个植株都散发着淡淡的香味。

【花园应用】我们的花园较小，无法容纳太大的植物，因此每年都要通过分株等方式控制植物的尺寸。佩兰在夏季大多植物都有些一蹶不振时补充进来，给花园带来了些许秋意，是每年都必不可少的植物。

Brachycome spp.

五色菊

科别 / 菊科
原产地 / 澳大利亚、新西兰
类型 / 常绿宿根植物
花期 / 3—11 月　花径 / 1 ~ 3cm
花色 /
株高 / 15 ~ 30cm　宽幅 / 20 ~ 30cm
耐寒性 / ●●○　耐阴性 / ●○○
耐热性 / ●●○　耐闷热性 / ●●○
光照需求 / ●●●
水分需求 / ●●○
繁殖方式 / 分株、扦插
栽种日期 / 3—5 月，9—11 月

【特征】五色菊植株茂密，开着和波斯菊一样的小花。除了严冬，其他时期均可开花。在寒冷地区需要防寒。

【花园应用】株型紧凑，茎横向生长，可作为垂吊植物用于吊篮或组合盆栽中。在花园里适合栽种在花坛前方，模糊花坛的界限；也可种在稍高的石墙上，让枝条轻柔地垂下来，描绘出温柔雅致的画面。

Felicia amelloides

费利菊（蓝菊）

科别 / 菊科　原产地 / 南非
类型 / 常绿宿根植物
花期 / 3—5 月，9—12 月
花径 / 约 3cm
花色 /
株高 / 20 ~ 50cm　宽幅 / 约 30cm
耐寒性 / ●●○　耐阴性 / ●○○
耐热性 / ●○○　耐闷热性 / ●○○
光照需求 / ●●●
水分需求 / ●●○
繁殖方式 / 扦插
栽种日期 / 3—4 月，9—11 月

【特征】叶片和茎干表面生有短毛，株型紧凑，开着菊科植物中较为少见的蓝色花朵。不喜高温高湿的环境，以及有霜雪的严冬。

【花园应用】大部分品种四季开花。想要享受较长的花期，最好提前制订好种植计划。它不太耐寒，因此要尤其注意种植场所冬季的气候。可以直接将它当作一年生草本植物来对待。

美丽的叶脉视觉冲击感十足。

Brunnera macrophylla 'Jack Frost'

心叶牛舌草'杰克 · 弗罗斯特'

科别 / 紫草科
原产地 / 高加索地区、西伯利亚地区
类型 / 落叶宿根植物　花期 / 4—6 月
花径 / 约 0.8cm
花色 /
株高 / 约 40cm　宽幅 / 约 30cm
耐寒性 / ●●●　耐阴性 / ●●○
耐热性 / ●●○　耐闷热性 / ●○○
光照需求 / ●●○
水分需求 / ●●○
繁殖方式 / 分株
栽种日期 / 3—4 月，10—11 月

【特征】'杰克 · 弗罗斯特'心形的银色叶片上带有绿色的网状叶脉，盛开和勿忘草一样的蓝色小花，是心叶牛舌草中的高人气品种。耐寒，但不太耐热，最好栽种在排水性和通风性都不错的半阴处。

【花园应用】可以作为地被植物种在高大的树木下。种在屋外阴凉的角落，能让整个空间变得明亮起来。

上图为雅致的‘海角天使’，右图为拥有美丽镶边叶片的斑叶碰碰香。

Plectranthus

马刺花

科别 / 唇形科
原产地 / 亚洲、非洲，澳大利亚
类型 / 常绿宿根植物
花期 / 5—10 月　花径 / 约 0.8cm
花色 /
株高 / 30 ~ 50cm
宽幅 / 30 ~ 40cm
耐寒性 /　耐阴性 /
耐热性 /　耐闷热性 /
光照需求 /
水分需求 /
繁殖方式 / 扦插　栽种日期 / 4—5 月

【特征】叶片略带紫色的‘海角天使’是原产于南非的短日照品种，秋季会有带花的苗上市。斑叶碰碰香柔软的绿叶边缘镶了一圈奶白色的花纹，用手揉搓会散发出淡淡的薄荷香。

【花园应用】可以作为彩叶植物应用在花园中，但在寒冷地区难以过冬。把它当作晚春至秋季开花的一年生草本植物来管理是很不错的选择。

Phlox paniculata

宿根福禄考（天蓝绣球）

科别 / 花荵科
原产地 / 北美洲、欧洲
类型 / 落叶宿根植物
花期 / 6—9 月
花径 / 约 2cm
花色 /
株高 / 30 ~ 80cm
宽幅 / 约 30cm
耐寒性 /　耐阴性 /
耐热性 /　耐闷热性 /
光照需求 /
水分需求 /
繁殖方式 / 分株、扦插
栽种日期 / 4—5 月，10—11 月

【特征】宿根福禄考在纤细修长的花茎末端绽放一簇簇小花。它虽然比较强健，但在不通风的地方也很容易生病。

【花园应用】植株较高，适合种在花园边缘的花坛后方。虽然每一朵花都很小，但聚在一起时让人无法忽视。

易于搭配的紫花

温柔的粉花品种

Foeniculum vulgare 'Purpurascens'

紫叶茴香

科别 / 伞形科　原产地 / 地中海沿岸地区
类型 / 常绿宿根植物　花期 / 8—10 月
花径 / 约 0.5cm　花色 /
株高 / 1 ~ 2m　宽幅 / 约 40cm
耐寒性 / ●●●
耐阴性 / ●○○
耐热性 / ●●●
耐闷热性 / ●●○
光照需求 / ●●●
水分需求 / ●●●
繁殖方式 / 分株、播种
栽种日期 / 3—5 月，9—11 月

【特征】做菜时会用到的香料——茴香的紫叶品种，深红色的茎、叶存在感十足，极具观赏性。

【花园应用】紫叶茴香长成大苗后，最好不要随意移栽至他处，否则会影响其生长。因此，在造园之前要事先确定好栽种地点，相对开阔的地方较为合适。

修剪有利于侧芽的生长，还可以控制植株的高度

Pennisetum setaceum 'Rubrum'

紫叶狼尾草

科别 / 禾本科　原产地 / 南非
类型 / 常绿宿根植物
花期 / 7—11 月　花穗 / 20 ~ 25cm
花色 /
株高 / 0.6 ~ 1.2m
宽幅 / 50 ~ 60cm
耐寒性 / ●○○　耐阴性 / ●○○
耐热性 / ●●●　耐闷热性 / ●●●
光照需求 / ●●●
水分需求 / ●●○
繁殖方式 / 分株
栽种日期 / 4—5 月

【特征】紫叶狼尾草花穗的形态像大型狗尾草，再加上紫红色的叶片，营造出强烈的视觉冲击感。它长势非常迅猛，花穗会接连不断地生长，花期很长。由于它冬季仅耐 3 ~ 5℃的低温，因此可以将其当作春季至秋季观赏的一年生草本植物对待。

【花园应用】紫红色的叶片和开黑色花朵的植物搭配在一起显得非常时尚，与黄色的花搭配则能形成强烈的对比。

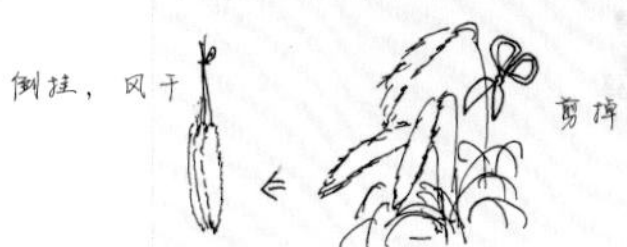

Hemigrraphis repanda

齿叶半插花

科别 / 爵床科　原产地 / 印度尼西亚
类型 / 常绿宿根植物
花期 / 5—7 月　花径 / 约 1cm
花色 /
株高 / 5 ~ 15cm
宽幅 / 30 ~ 40cm
耐寒性 / ●○○　耐阴性 / ●●○
耐热性 / ●●●　耐闷热性 / ●●●
光照需求 / ●●○
水分需求 / ●●○
繁殖方式 / 分株、扦插
栽种日期 / 4—6 月

【特征】横向生长的枝条生命力非常旺盛，小巧的白花只开一天就会凋谢。细长的叶片上面呈墨绿色，下面为深紫红色，观赏价值很高。

【花园应用】可以在夏、秋两季用于花园造景或者组合盆栽。由于它只能在最低温高于 10℃的地方过冬，冬季需将其当作观叶植物移至室内。齿叶半插花非常耐热，夏季栽种在花坛的边缘，可以演绎出独特的异域风情。

Heliotropium arborescens

南美天芥菜

科别 / 紫草科　原产地 / 秘鲁

类型 / 常绿宿根植物

花期 / 4—9 月　花径 / 约 0.5cm

花色 /

株高 / 30 ~ 60cm

宽幅 / 约 30cm

耐寒性 / ●○○　耐阴性 / ●●○

耐热性 / ●●○　耐闷热性 / ●●○

光照需求 / ●●●

水分需求 / ●●●

繁殖方式 / 扦插

栽种日期 / 4—5 月

【特征】南美天芥菜是一种香草，香味与香荚兰的很像，又称香水草。市面上流通的大多为改良后用于观赏的园艺品种。

【花园应用】典雅的花色不论是在夏季的花坛中还是组合盆栽里都显得优雅十足。将它与开白色小花的大戟‘白雪姬’或同色系的紫蜜蜡花搭配在一起，可以打造出极为雅致的场景。

Bergenia stracheyi

短柄岩白菜

科别 / 虎耳草科

原产地 / 亚洲中南部

类型 / 常绿宿根植物　花期 / 2—5 月

花径 / 2 ~ 3cm

花色 /

株高 / 约 30cm　宽幅 / 约 25cm

耐寒性 / ●●●　耐阴性 / ●●●

耐热性 / ●●○　耐闷热性 / ●●○

光照需求 / ●●○

水分需求 / ●●○

繁殖方式 / 分株、扦插

栽种日期 / 9—11 月

【特征】叶片基生，呈倒卵形，叶丛中抽生出挺立的花茎，顶端绽放艳丽的粉色小花。非常耐寒，在背阴处也可以生长，基本不需要打理。

【花园应用】除了花朵之外，短柄岩白菜边缘略带黑红色的叶片也很美。它生长速度缓慢，株型紧凑，不会显得凌乱，很适合与其他植物搭配栽种。

Persicaria microcephala ‘Silver Dragon’

小头蓼‘银龙’

科别 / 蓼科　原产地 / 亚洲中南部

类型 / 落叶宿根植物　花期 / 5—7 月

花径 / 约 1cm

花色 /

株高 / 40 ~ 60cm

宽幅 / 30 ~ 40cm

耐寒性 / ●●●　耐阴性 / ●●○

耐热性 / ●●●　耐闷热性 / ●●●

光照需求 / ●●○

水分需求 / ●●○

繁殖方式 / 分株、扦插

栽种日期 / 3—5 月，9—11 月

【特征】小头蓼‘银龙’红色的茎干成放射状竖直生长，叶片上有银白色的斑纹。它耐热又耐寒，5—7 月会绽放白色的小花，不过与花比起来，叶片的观赏性更胜一筹。

【花园应用】叶片颜色时尚，极具个性，和任何植物都很搭。夏季叶色会显得暗淡一些，初秋又会重新变得鲜艳起来。

Veronica spicata 'Red Fox'

穗花婆婆纳'红狐'

科别 / 车前科
原产地 / 欧洲，亚洲东部
类型 / 常绿宿根植物　花期 / 5—6 月
花径 / 0.5 ~ 1cm
花色 /
株高 / 30 ~ 40cm
宽幅 / 20 ~ 25cm
耐寒性 / ●●●　耐阴性 / ●●○
耐热性 / ●●○　耐闷热性 / ●●○
光照需求 / ●●○
水分需求 / ●●○
繁殖方式 / 分株、扦插
栽种日期 / 3—5 月，10—11 月

开花早，匍匐生长的'牛津蓝'

其他品种的婆婆纳

和阿拉伯婆婆纳近缘的园艺品种'牛津蓝'。

【特征】'红狐'的花穗挺立，形态颇具艺术感。除此之外，也有攀缘生长、早春开花的品种，但是株型和花形与'红狐'完全不一样。

【花园应用】'红狐'拥有深粉色的可爱花穗，虽是直立生长，但株型低矮。将它栽种在月季的下方，或者与蕾丝花、紫盆花等比较高挑的植物搭配种植，可以让画面显得轻盈而灵动。

Penstemon digitalis 'Husker Red'

毛地黄钓钟柳'赫斯克红'

科别 / 车前科　原产地 / 北美洲
类型 / 常绿宿根植物
花期 / 6—9 月　花径 / 约 1cm
花色 /
株高 / 50 ~ 80cm
宽幅 / 30 ~ 40cm
耐寒性 / ●●●　耐阴性 / ●●○
耐热性 / ●●○　耐闷热性 / ●○○
光照需求 / ●●○
水分需求 / ●●○
繁殖方式 / 分株、扦插
栽种日期 / 3—4 月，10—11 月

其他品种的毛地黄钓钟柳

粉色的'斯莫利'

颜色清澈的'天堂蓝'

【特征】'赫斯克红'在欧洲是花园中常见的高人气花卉，植株高挑，黑红色的叶片很有特色，花朵白色或粉色。它喜光照，比较耐高温，但不耐闷热，建议在半阴处种植。如果天气太热，它的叶片会变成绿色。

【花园应用】将其栽种在大树下等半阴处，只要通风良好，就能够茁壮生长。将几株种在一起，它们竞相开花时，景观会更具吸引力。

Hosta

玉簪

科别 / 百合科
原产地 / 中国、日本，朝鲜半岛
类型 / 落叶宿根植物　花期 / 7—8 月
花径 / 3 ~ 10cm　花色 /
株高 / 0.15 ~ 1.5m
宽幅 / 15 ~ 40cm
耐寒性 / 3　耐阴性 / 3
耐热性 / 3　耐闷热性 / 2
光照需求 / 2
水分需求 / 2
繁殖方式 / 分株
栽种日期 / 3—5 月，9—11 月

【特征】从小型的到大型的都有，叶片有翠绿的、柠檬绿的、带斑纹的等，品种丰富，在日本被称为完美植物。

【花园应用】玉簪是耐阴花园的代表性植物，能与许多植物搭配。不同品种的玉簪组合栽种也很有看点，同时欣赏到叶片、花色、花形各不相同的玉簪也是一桩趣事。

Potentilla thurberi 'Monarch's Velvet'

委陵菜'君主的天鹅绒'

科别 / 蔷薇科　原产地 / 中国，欧洲
类型 / 半落叶宿根植物　花期 / 4—6 月
花径 / 约 2cm
花色 /
株高 / 40 ~ 50cm
宽幅 / 约 30cm
耐寒性 / 3　耐阴性 / 2
耐热性 / 2　耐闷热性 / 2
光照需求 / 3
水分需求 / 2
繁殖方式 / 分株
栽种日期 / 2—4 月，10—11 月

【特征】'君主的天鹅绒'的花形和叶色都与草莓的相似。深红色的花朵中心是黑色的，时尚又俏皮；叶片上生有短毛，略微泛着银光。

【花园应用】'君主的天鹅绒'小小的花朵颜色别致，可以搭配其他特色不突出的植物。植株高度适中，和较高或低矮的植物搭配都行。

Hordeum jubatum

芒颖大麦草

科别 / 禾本科　原产地 / 北美洲
类型 / 常绿宿根植物　花期 / 4—7 月
花径 / 约 5cm
花色 /
株高 / 约 60cm
宽幅 / 约 40cm
耐寒性 / 3　耐阴性 / 2
耐热性 / 1　耐闷热性 / 1
光照需求 / 3
水分需求 / 2
繁殖方式 / 分株、播种
栽种日期 / 10—11 月

【特征】芒颖大麦草生长着纤细的茎干和柔软的穗状花序，春季至初夏观赏。小花通常退化为芒状，最初为柠檬绿色，之后会渐渐变为白色，在阳光的照耀下闪闪发光。它本来是多年生植物，但由于不耐高温高湿，在温暖地区常被当作一年生草本植物养护。

【花园应用】随风摇曳的花穗会给花园增添无限活力，将其种植在小路两侧，柔美如画。花后，摘下高处结的种子种入土中就能发芽。

秋季播种就可以发芽

可以做成干花欣赏

Mina lobata 'Jungle Queen'

金鱼花‘丛林皇后’

科别 / 旋花科　原产地 / 墨西哥
类型 / 常绿宿根植物
花期 / 9—12 月　花径 / 约 2cm
花色 /
株高 / 2 ~ 5m　宽幅 / 2 ~ 5m
耐寒性 / ●○○　耐阴性 / ●○○
耐热性 / ●●●
耐闷热性 / ●●●
光照需求 / ●●●
水分需求 / ●●●
繁殖方式 / 播种、扦插
栽种日期 / 4—6 月

【特征】 与牵牛一样属于旋花科，且都是缠绕草本植物，但是花形完全不同。‘丛林皇后’小而细长的花朵排成一列开放。栽培方法和牵牛几乎相同，收集开花后的种子于翌年春季播种即可。

【花园应用】 常用于制作花帘或装饰栅栏，每年 9 月前后开花。如果厌倦了牵牛等常见的攀缘植物，可以试着挑战一下金鱼花。

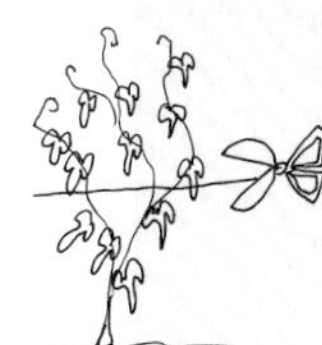

Muhlenbergia capillaris

粉黛乱子草

科别 / 禾本科　原产地 / 美国
类型 / 常绿宿根植物　花期 / 9—10 月
花穗 / 40 ~ 50cm
花色 /
株高 / 0.8 ~ 1.5m
宽幅 / 约 50cm
耐寒性 / ●●●　耐阴性 / ●●○
耐热性 / ●●●　耐闷热性 / ●●○
光照需求 / ●●●
水分需求 / ●●○
繁殖方式 / 分株、播种
栽种日期 / 3—4 月，9—11 月

【特征】 红色花穗直立生长，开着烟雾一样朦胧的花，适合夏末至秋季的花园。植株虽强健，但要注意湿度不可过高。还有一种开白花的品种叫‘阿鲁巴’。

【花园应用】 烟雾一般的外观非常梦幻。将两三株成株栽种在一起，会让整个场景更具魅力。

Centratherum punctatum

蓝冠菊

科别 / 菊科
原产地 / 美洲中南部
类型 / 常绿宿根植物
花期 / 8—9 月　花径 / 约 3cm
花色 /　株高 / 30 ~ 50cm
宽幅 / 20 ~ 30cm
耐寒性 / ●○○　耐阴性 / ●●○
耐热性 / ●●○　耐闷热性 / ●●○
光照需求 / ●●●
水分需求 / ●●●
繁殖方式 / 分株、扦插、播种
栽种日期 / 4—5 月

【特征】 外形与蓟属植物有些类似，而叶片又带有苹果香，因此又称苹果蓟，是一种香草。喜光照，但不耐盛夏的西晒，同时要避免放在极端干燥的环境中，冬季最低可耐 0℃的低温。可以把它当作一年生草本植物来养护。

【花园应用】 适合日式或欧式的花园。它株型较紧凑，想给景观增添一些粉紫色的元素时，可以考虑栽种一些。

Mecardonia procumbens

伏胁花

科别 / 车前科　原产地 / 北美洲、南美洲
类型 / 常绿宿根植物
花期 / 6—10 月　花径 / 1 ~ 2cm
花色 /
株高 / 5 ~ 10cm
宽幅 / 约 30cm
耐寒性 / ●○○　耐阴性 / ●●○
耐热性 / ●●●　耐闷热性 / ●●●
光照需求 / ●●●
水分需求 / ●●●
繁殖方式 / 分株、扦插
栽种日期 / 4—5 月

【特征】黄色的小花在初夏至秋季陆续开放，茎匍匐生长，耐闷热，不耐寒。就算在温暖地区，冬季最好也移栽到花盆中放至屋檐下，有时也会把它当作一年生草本植物对待。

【花园应用】株型能一直维持低矮，这样的植物比较少见。可以填充在花坛前方，常作为地被植物、盆栽植物或垂吊植物栽培。

Euphorbia

大戟

科别 / 大戟科
原产地 / 世界各地
类型 / 常绿宿根植物
花期 / 4—6 月
花径 / 1 ~ 1.5cm
花色 /
株高 / 30 ~ 70cm
宽幅 / 20 ~ 40cm
耐寒性 / ●●●　耐阴性 / ●●○
耐热性 / ●●○　耐闷热性 / ●○○
光照需求 / ●●○
水分需求 / ●○○
繁殖方式 / 分株、扦插、播种
栽种日期 / 3—4 月

人气品种！

独特的‘银天鹅’

拥有紫红色茎叶的扁桃叶大戟

【特征】主要产自欧洲，但世界各地都有品种分布，是常见的花园植物，市面上也常有花苗售卖，比如，成株体型较大的常绿大戟、椭圆形绿叶外镶有一圈白边的‘银天鹅’、拥有紫红色叶片的扁桃叶大戟、在茎干顶端绽放鲜艳黄花的多彩大戟，等等。所有大戟属植物都喜光照，不耐闷热，喜欢排水性良好的、明亮的背阴处。

【花园应用】叶色的搭配是重点。‘银天鹅’的叶片和深绿色叶片、古铜色叶片比较配；拥有紫红色叶片的扁桃叶大戟则与金色叶片、银色叶片更衬。多彩大戟是较低矮的开花品种，可以作为点缀栽种在同类植物之间，营造出更为和谐的氛围。

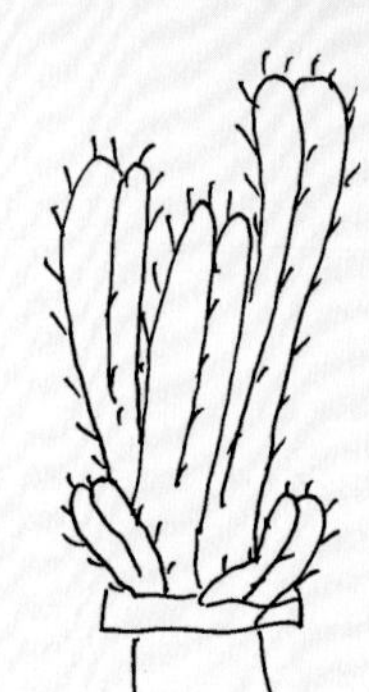

有些原产于非洲、墨西哥的大戟属植物，茎退化成了刺，作为观叶植物、多肉植物在市面上流通

Conoclinium coelestinum

锥托泽兰

科别 / 菊科
原产地 / 北美洲、南美洲、欧洲
类型 / 落叶宿根植物　花期 / 7—10 月
花径 / 约 1cm　花色 /
株高 / 0.6 ~ 1m　宽幅 / 约 40cm
耐寒性 /　耐阴性 /
耐热性 /
耐闷热性 /
光照需求 /
水分需求 /
繁殖方式 / 分株、扦插
栽种日期 / 3—4 月

【特征】有时也以泽兰的名字在市面上流通。较强健，耐热且耐寒。

【花园应用】夏、秋季绽放带有清凉感的花，给花园带来清凉的感觉。由于其地下茎会不断生长，因此最好事先做好规划，将它种在相对宽敞的地方。如果发现植株生长得过大，要及时修剪，冬季至翌春期间可以为其分株。

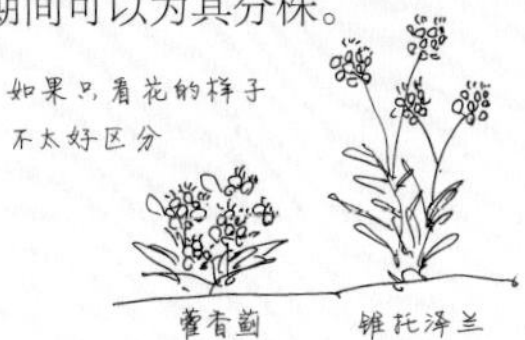

开着白色小花，与其他植物融为一体的白苞通奶草

轻飘飘长成一片的白苞通奶草常用于衬托彩色的花。几株栽种在一起让景观显得非常充实。不耐寒。

株高 30 ~ 40cm

开着鲜艳黄花的多彩大戟

常绿大戟颜色自然，和大多花草都很般配。哪怕只有一棵，也会让花园显得好看，是天然的装饰物。

Trachelium caeruleum

夕雾花

科别 / 桔梗科
原产地 / 地中海沿岸地区
类型 / 常绿宿根植物
花期 / 6—9 月　花径 / 约 0.2cm
花色 /
株高 / 0.5 ~ 1m　宽幅 / 约 30cm
耐寒性 / ☻☺☺　耐阴性 / ☻☻☺
耐热性 / ☻☻☺　耐闷热性 / ☻☻☺☺
光照需求 / ☻☻☺
水分需求 / ☻☻☺
繁殖方式 / 播种
栽种时期 / 4—6 月

【特征】植株繁茂，小小的星形花聚集开放，茎和叶略带紫色，最低可耐 0℃ 的低温。原本是多年生草本植物，但由于不太耐寒，也会被当作一、二年生植物来对待。

【花园应用】略带紫色的叶片让它和雅致的植物很配。由于不太耐热，盛夏只能接受上午的日照。冬季需要将其移栽到花盆中，放到屋檐下或室内过冬。

Euryops pectinatus

黄金菊

科别 / 菊科　原产地 / 南非
类型 / 常绿宿根植物
花期 / 10 月至次年 4 月
花径 / 3 ~ 4cm　花色 /
株高 / 0.6 ~ 1.5m
宽幅 / 20 ~ 30cm
耐寒性 / ☻☻☺　耐阴性 / ☻☺☺
耐热性 / ☻☻☺　耐闷热性 / ☻☻☺
光照需求 / ☻☻☻
水分需求 / ☻☻☺
繁殖方式 / 扦插
栽种时期 / 3—5 月，9—10 月

【特征】黄金菊的叶片和茎干上都生长着白色的短毛，茎会随着种植年限的推移逐渐木质化。除了图中展示的品种之外，还有重瓣和斑叶的品种。

【花园应用】黄金菊的花期很长，如果想让花园冬季也有明艳的色彩，可以试着种植它。霜雪可能会让它的枝条末端出现损伤，为了避免这种情况发生，最好将其种植在霜雪打不到的地方。

Ranunculus repens 'Gold Coin'

匍枝毛茛'金币'

科别 / 毛茛科　原产地 / 欧洲、亚洲
类型 / 常绿宿根植物　花期 /4—6 月
花径 / 2 ~ 3cm
花色 /
株高 / 约 40cm
宽幅 / 可以一直蔓延生长
耐寒性 / ☻☻☻　耐阴性 / ☻☻☺
耐热性 / ☻☻☺　耐闷热性 / ☻☻☺
光照需求 / ☻☻☺
水分需求 / ☻☻☺
繁殖方式 / 分株
栽种时期 / 2—3 月，10—11 月

【特征】原产于欧洲的匍枝毛茛的改良品种，生命力旺盛，匍匐生长，开黄色的重瓣花，有珐琅般的光泽。

【花园应用】春季会向四面八方蔓延生长并开花。如果想打造出独具野趣的景致，可以将其与同样匍匐生长的粉蝶花、香雪球等植物一起栽种在宽阔的地方。

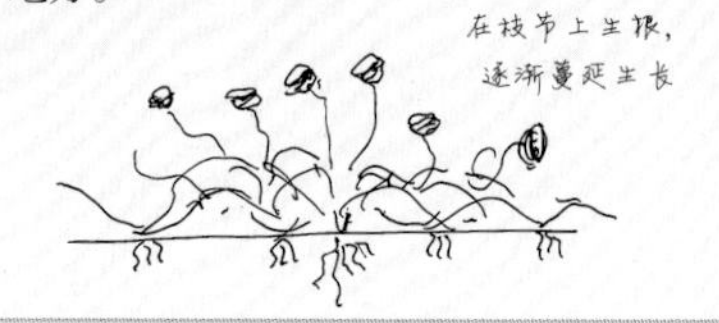

Stachys byzantina

绵毛水苏

科别 / 唇形科
原产地 / 土耳其，亚洲西南部
类型 / 常绿宿根植物　花期 / 6—7 月
花径 / 约 0.5cm　花色 /
株高 / 30 ~ 60cm　宽幅 / 40 ~ 50cm
耐寒性 / ●●●　耐阴性 / ●○○
耐热性 / ●○○
耐闷热性 / ●○○
光照需求 / ●●●
水分需求 / ●○○
繁殖方式 / 分株、播种
栽种时期 / 2—4 月，9—11 月

【特征】茎、叶都覆有白毛，这让整个植株都泛着银色。花茎挺立，开粉色的花。不耐闷热，最好栽种在通风良好的地方。

【花园应用】它的叶片个性突出，倘若想将其与花园中的植物完美融合在一起，必须在秋季种下幼苗。三四月出售的幼苗，植株虽然大，却经常会出现无法长出花穗的情况。

上图为‘珍妮’是开重瓣花的园艺品种，右图为二年生的白花毛剪秋罗。

Lychnis flos-cuculi

布谷鸟剪秋罗

科别 / 石竹科　原产地 / 欧洲
类型 / 半落叶宿根植物
花期 / 5—7 月，10—11 月
花径 / 2 ~ 3cm
花色 /
株高 / 约 60cm　宽幅 / 约 30cm
耐寒性 / ●●●　耐阴性 / ●●○
耐热性 / ●●○　耐闷热性 / ●○○
光照需求 / ●●●
水分需求 / ●●○
繁殖方式 / 分株、播种
栽种时期 / 4—5 月

【特征】拉丁名中的“flos-cuculi”是指在布谷鸟鸣叫的时节开花。它的花茎从植株基部生长出来，末端开着数轮花瓣纤细的小花。耐热、耐寒，但是不耐高温高湿的环境。另外，剪秋罗属中还有二年生的毛剪秋罗。

【花园应用】植株有一定的高度，适合与树木或较矮的植物一起栽种在通风良好的地方。花后从较低的位置修剪，10—11 月还能再度开花。

易倒伏，最好与其他植物相互支撑着种植

Ligularia dentata ‘Britt—Marie Crawford’

齿叶橐吾‘布里特–玛丽·克劳福德’

科别 / 菊科　原产地 / 亚洲
类型 / 落叶宿根植物　花期 / 8—10 月
花径 / 5 ~ 6cm　花色 /
株高 / 0.6 ~ 1m　宽幅 / 约 50cm
耐寒性 / ●●●
耐阴性 / ●●●
耐热性 / ●●○
耐闷热性 / ●●○
光照需求 / ●●○
水分需求 / ●●●
繁殖方式 / 分株
栽种时期 / 4—5 月，9—11 月

【特征】橐吾属植物中叶色最黑的一种，齿叶橐吾的园艺品种。略带橙色的黄花与紫黑色的叶片形成的对比非常美丽。冬季地上部分会枯萎，春季会再发芽。

【花园应用】可以在背阴处茁壮生长，不过如果光线过暗，叶色就会没那么好看，建议栽种在没有西晒的明亮的半阴处。可以将它与对环境要求类似的斑叶玉簪、阔叶山麦冬等植物种植在一起欣赏。

宿根植物、球根植物

Lysimachia

珍珠菜

科别 / 报春花科
原产地 / 中国（V、M），北美（A）
类型 / 常绿宿根植物
花期 / 5—6 月（V、M），4—6 月（A）
花径 / 约 2cm（V、M）
花穗长 / 15 ~ 20cm（A）
花色 / （V、M），（A）
株高 / 10 ~ 15cm（V、M），40 ~ 80cm（A）
宽幅 / 20 ~ 40cm（V、M），20 ~ 30cm（A）
耐寒性 / ☻☻☻
耐阴性 / ☻☻☺
耐热性 / ☻☻☺（V、M），☻☺☺（A）
耐闷热性 / ☻☻☺（V、M），☻☺☺（A）
光照需求 / ☻☻☺
水分需求 / ☻☻☺
繁殖方式 / 分株、扦插
栽种时期 / 3—4 月，10—11 月

V：斑叶聚花过路黄
M：紫叶过路黄‘午夜阳光’
A：狼尾花‘博若莱’

狼尾花‘博若莱’

【特征】斑叶聚花过路黄和紫叶过路黄‘午夜阳光’是匍匐生长的植物，叶片的斑纹和色彩比较独特。直立生长的狼尾花‘博若莱’开着古典的暗红色花朵，花穗笔直、挺立。

【花园应用】考虑到斑叶聚花过路黄和紫叶过路黄‘午夜阳光’的生长特性，可将其作为地被植物栽种，或者种植于地砖的缝隙处，成为脚下的一道风景，如果可以稍稍高于地面就能显得更加自然。狼尾花‘博若莱’和同样生长着花穗的植物种在一起，可以让景观显得错落有致。

由于狼尾花‘博若莱’有些难以度夏，也可以当作一、二年生的草本植物对待。每年10—11月上市的苗可以先种在花盆里过冬，次年3月前后再移栽到花园里。

紫叶过路黄‘午夜阳光’

斑叶聚花过路黄

Linaria purpurea

紫柳穿鱼

科别 / 玄参科
原产地 / 意大利、希腊，非洲北部
类型 / 半落叶宿根植物
花期 / 4—7 月
花径 / 约 0.5cm
花色 /
株高 / 0.6 ~ 1m
宽幅 / 约 20cm
耐寒性 / ●●●　耐阴性 / ●●○
耐热性 / ●●○　耐闷热性 / ●●○
光照需求 / ●●●
水分需求 / ●●○
繁殖方式 / 播种
栽种时期 / 3—4 月，10—11 月

【特征】紫柳穿鱼是柳穿鱼属的代表性植物，其中的白花品种‘阿鲁巴’人气很旺。它的茎从根部抽生出来，直立生长，茎、叶略带靛青色。高高的花穗会在春季至初夏开满密密麻麻的小花。

【花园应用】为了让紫柳穿鱼线条感更明显，可以将它与其他形态修长的植物种在一起，让画面更加和谐，毛地黄、叶片细长的斑叶芒、花叶蒲苇等都是很不错的选择。开白色花朵的‘阿鲁巴’能让场景显得分外清爽，非常适合初夏的花园。

和其他植物融为一体的紫柳穿鱼

让画面变得更轻盈的欧洲柳穿鱼

迎风招展的清爽的紫柳穿鱼‘阿鲁巴’

粉色的‘卡农·J.文特’

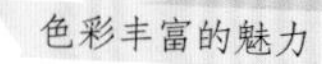
色彩丰富的魅力

Ipomoea cairica

五爪金龙

科别 / 旋花科

原产地 / 亚洲、非洲

类型 / 半落叶宿根植物

花期 / 6—11 月　花径 / 7 ~ 8cm

花色 /

株高 / 5m 或更高　宽幅 / 5m 或更宽

耐寒性 / ●○○　耐阴性 / ●○○

耐热性 / ●●●　耐闷热性 / ●●●

光照需求 / ●●●

水分需求 / ●●○

繁殖方式 / 扦插

栽种时期 / 5—6 月

【特征】掌状叶片 5 深裂或全裂，粉紫色花朵魅力十足。几乎不结果，可以通过扦插繁殖。它似乎已经适应了日本的生长环境，常常攀附在电线杆和树木上生长，清理起来有些麻烦。

【花园应用】繁殖能力强，最适合有大片栅栏的地方。若种在相对狭窄的地方，会四处攀附其他植物生长，实在有些棘手。

Rumex sanguineus

红脉酸模

科别 / 蓼科　原产地 / 欧洲

类型 / 常绿宿根植物　花期 / 6—7 月

花径 / 约 0.2cm　花色 /

株高 / 约 30cm　宽幅 / 约 30cm

耐寒性 / ●●●

耐阴性 / ●●○

耐热性 / ●●●

耐闷热性 / ●●○

光照需求 / ●●○

水分需求 / ●●○

繁殖方式 / 播种

栽种时期 / 4—5 月，9—11 月

【特征】一种香草，绿叶上生长着红色的叶脉，让人印象深刻。在花园中主要作为彩叶植物观赏。

【花园应用】常作为彩叶植物应用在组合盆栽中或栽种在花园里。叶片个性十足，沉稳的色调让它和任何植物都很搭，可以说是不会过于显眼，又让人过目难忘的植物。

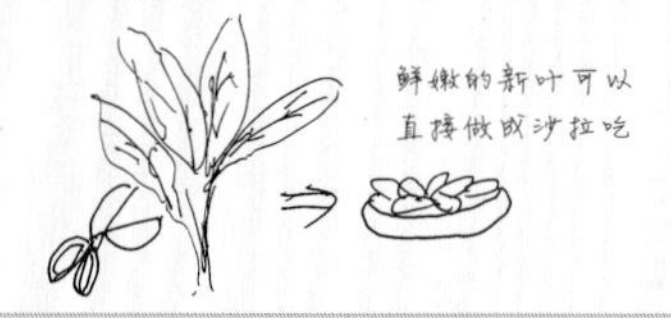

Plumbago auriculata

蓝雪花

科别 / 白花丹科　原产地 / 南非

类型 / 常绿宿根植物

花期 / 6—10 月　花径 / 约 2cm

花色 /　株高 / 1.5 ~ 1.8m

宽幅 / 60 ~ 90cm

耐寒性 / ●○○　耐阴性 / ●●○

耐热性 / ●●●

耐闷热性 / ●●●

光照需求 / ●●●

水分需求 / ●●●

繁殖方式 / 扦插

栽种时期 / 5—6 月

【特征】只要温度适宜就会接连不断地盛开颜色清爽的小花，大片开放的时候非常好看。耐热，不耐寒，冬季需移至室内养护。

【花园应用】枝条会张牙舞爪地四散生长，在组合盆栽中不太好控制株形。应用在花园中建议在大花盆里单独种植，不论是让它沿着网状爬藤架、栅栏还是塔形花架生长，都能形成一道美丽的风景。

Centranthus ruber

红缬草（距药草）

科别 / 忍冬科
原产地 / 欧洲南部、亚洲西南部
类型 / 落叶宿根植物　花期 / 6—8 月
花径 / 约 0.5cm　花色 /
株高 / 60 ~ 90cm
宽幅 / 约 40cm
耐寒性 / ☻☻☺　耐阴性 / ☻☻☺
耐热性 / ☻☻☻　耐闷热性 / ☻☻☺
光照需求 / ☻☻☺
水分需求 / ☻☻☺
繁殖方式 / 分株、扦插、播种
栽种时期 / 4—5 月

【特征】一种香草，夏季红色或亮粉色的小花成簇开放，带来阵阵香味。可以制成鲜切花或干花欣赏。有传闻说它的嫩叶和根可食用。

【花园应用】可以栽种在香草花园或蔬菜花园中，装饰性很强。适合与新风轮菜、白苞通奶草等开白色小花的植物种在一起。

可以做中药的缬草并不是这个品种

Chasmanthium latifolium

小盼草

科别 / 禾本科　原产地 / 北美洲
类型 / 落叶宿根植物
花期 / 6—8 月　果期 / 9—12 月
花径 / 2 ~ 3cm　花色 /
株高 / 0.5 ~ 1m
宽幅 / 30 ~ 40cm
耐寒性 / ☻☻☻　耐阴性 / ☻☻☺
耐热性 / ☻☻☻　☻☻☺
光照需求 / ☻☻☻
水分需求 / ☻☻☺
繁殖方式 / 分株、播种
栽种时期 / 4—5 月，9—11 月

【特征】为了和一年生的大凌风草作区分，有时也被称为宿根小盼草。叶片像竹叶，在较低处聚集生长，花茎上的小花垂着头，形态别致。秋季，植株下部会变成棕色。

【花园应用】花后就算不及时剪去残花和种荚，也不会影响植株的生长。将它栽种于景观的中部，可以让整个场景显得更有活力。

在较小的花园里也能欣赏的紧凑株型

地下茎不会横向蔓延

Sanguisorba sp.

红地榆

科别 / 蔷薇科
原产地 / 中国、日本，朝鲜半岛
类型 / 落叶宿根植物　花期 / 6—9 月
花径 / 2 ~ 3cm　花色 /
株高 / 30 ~ 50cm
宽幅 / 20 ~ 30cm
耐寒性 / ☻☻☻　耐阴性 / ☻☻☺
耐热性 / ☻☻☺　耐闷热性 / ☻☺☺
光照需求 / ☻☻☺
水分需求 / ☻☻☻
繁殖方式 / 分株、播种
栽种时期 / 4—5 月

【特征】红地榆株型紧凑，花期比普通地榆早一两个月。它喜欢明亮的背阴处，并且对排水性和通风性都有一定的要求。腐叶土和日向土能让植株更健壮。

【花园应用】深红色的花传递出阵阵的秋意，可以栽种在景观的前方，让画面更有季节感。将其作为山野草种植在花盆里也非常棒。

PLANTS MEMO

高人气

52种一、二年生草本植物的栽培笔记

一、二年生草本植物

适合与宿根植物搭配的“豪华阵容”

一年生草本植物分为两种。一种是春季播种的，夏、秋季开花，最终因无法承受冬季的寒冷而枯萎；另一种是秋季播种的，春季开花，夏季因天气过热而枯萎。二年生草本植物则会从播种后生长一年再开花，随后枯萎。此外，这一节中还要介绍一些难以度夏或过冬的宿根植物，它们即使多加关照也很难长久存活，不如每次都直接栽种小苗，完全可以当作一、二年生草本植物来看待。一年生草本植物大多会从春季到冬季为花园增香添色，二年生草本植物则是成株更加引人注目，二者都是花园中必不可少的亮丽风景。接下来，就跟我们一起认识一些富于变化的一、二年生草本植物，享受它们带来的乐趣吧！

Bro. Kuroda

Arctotis grandis

蓝目菊

科别 / 菊科　原产地 / 南非

花期 / 4—6 月

花径 / 约 5cm

花色 /

株高 / 40 ~ 60cm

宽幅 / 20 ~ 30cm

耐寒性 / ●●●

耐阴性 / ●○○

耐热性 / ●○○

耐闷热性 / ●○○

光照需求 / ●●●

水分需求 / ●●○

繁殖方式 / 播种（春播或秋播）

栽种时期 / 2—3 月，10—11 月

【特征】蓝目菊拥有略泛银色的叶片，修长的花茎末端绽放极为雅致的花朵。它喜欢干燥的环境，虽然是多年生草本植物，但由于不耐热，难以度夏，因此常被当作一年生植物栽培。容易招惹潜叶蝇，务必注意防护，尽早处理。

【花园应用】美丽的白花和任何颜色都很搭，可以说是花园中每年都会栽种的基本款植物。

上图为粉花品种，右图为白中透着粉的'樱贝'。

Agrostemma githago

麦仙翁

科别 / 石竹科　原产地 / 欧洲、亚洲
花期 / 4—7 月
花径 / 6 ~ 7cm
花色 /
株高 / 0.6 ~ 1m
宽幅 / 30 ~ 60cm
耐寒性 / ●●●　耐阴性 / ●○○
耐热性 / ●○○　耐闷热性 / ●○○
光照需求 / ●●●
水分需求 / ●●○
繁殖方式 / 播种（秋播）
栽种时期 / 2—3 月，10—11 月

【特征】盛开的花朵微微压弯纤细的茎干，纵横交错的线条让画面显得随性而富于野趣。种子很容易落地发芽，只要栽培环境满足光照充足且通风、排水良好的条件，就能每年都收获大量花朵。

【花园应用】最好与同样枝条柔软且花朵大小有所区别的植物搭配在一起，满天星、脐果草等就是非常不错的选择。

Ageratum houstonianum

熊耳草

科别 / 菊科　原产地 / 美洲中南部
花期 / 5—10 月
花径 / 约 1cm
花色 /
株高 / 20 ~ 40cm
宽幅 / 20 ~ 40cm
耐寒性 / ●○○　耐阴性 / ●●○
耐热性 / ●●○　耐闷热性 / ●●○
光照需求 / ●●●
水分需求 / ●●○
繁殖方式 / 扦插、播种（春播）
栽种时期 / 5—6 月

【特征】叶片密集，植株紧凑地聚集在一起，美丽的紫色花朵像一团团毛球。喜欢光照充足、通风好且干燥的环境。需要注意的是，氮肥施用得过多会导致植株只长叶不开花。

【花园应用】适合栽种在景观的前方，或者树木的基部，枝叶繁茂地聚集在低矮处。紫色的花朵和任何植物都很配。

Asperula orientalis

蓝花车叶草

科别 / 茜草科
原产地 / 小亚细亚半岛、高加索地区
花期 / 5—7 月　花径 / 约 0.5cm
花色 /
株高 / 25 ~ 30cm
宽幅 / 20 ~ 30cm
耐寒性 / ●●●　耐阴性 / ●○○
耐热性 / ●○○　耐闷热性 / ●○○
光照需求 / ●●●
水分需求 / ●●○
繁殖方式 / 播种（秋播）
栽种时期 / 3—5 月

【特征】茎下部叶片对生，上部 4~8 片叶片轮生，形状奇特，像车轮一样，因此称为车叶草。紫色的小花密集生于枝干顶端，呈头状花序。耐寒，冬季易于护理。

【花园应用】随着植株不断生长，纤细的茎经常会倒伏，如同地被植物一样，任由它这样生长也十分有趣。

Orlaya grandiflora

蕾丝花

科别 / 伞形科　原产地 / 欧洲
花期 / 4—7 月　花径 / 2 ~ 3cm
花色 /
株高 / 50 ~ 60cm　宽幅 / 20 ~ 40cm
耐寒性 /
耐阴性 /
耐热性 /
耐闷热性 /
光照需求 /
水分需求 /
繁殖方式 / 播种（秋播）
栽种时期 / 2—4 月，10—11 月

【特征】虽然是多年生草本植物，但由于不耐热，难以度夏，因此被当作一年生草本植物对待。白色的花朵远看如蕾丝一般，是非常有人气的品种。花茎坚韧，也可以做成鲜切花欣赏。

【花园应用】纯白的花朵和纤细的姿态魅力十足，花序有些大，几乎可以和任何植物组合在一起，是花园中的基本款。

Gaillardia

天人菊

科别 / 菊科　原产地 / 北美洲
花期 / 5—10 月
花径 / 约 5cm
花色 /
株高 / 30 ~ 60cm
宽幅 / 25 ~ 35cm
耐寒性 /
耐阴性 /
耐热性 /
耐闷热性 /
光照需求 /
水分需求 /
繁殖方式 / 播种（春播）、扦插
栽种时期 / 5—6 月

【特征】有花形较大的多年生宿根天人菊，也有相对较小的一年生天人菊。下方照片中的是花瓣为筒状的重瓣变种天人菊，又称矢车天人菊，耐热，且花期较长。

【花园应用】天人菊的花朵会连续不断地开放，欣赏期较长。红色、橙色、黄色等色彩艳丽的花可以作为主角一起种在花园中最醒目的地方。

令人眼前一亮的黄色花朵

雅致又适合花园的橙色

Emilia coccinea

绒缨菊

科别 / 菊科　原产地 / 印度
花期 / 5—10 月
花径 / 约 1.5cm
花色 /
株高 / 30 ~ 50cm
宽幅 / 20 ~ 30cm
耐寒性 / ●☺☺　耐阴性 / ●☺☺
耐热性 / ●●●　耐闷热性 / ●●☺
光照需求 / ●●●
水分需求 / ●●☺
繁殖方式 / 播种（春播）
栽种时期 / 4—5 月

【特征】以鲜艳的红色品种为代表，花朵较小，低调却又让人无法忽视，非常可爱。与看上去柔弱的外表相反，绒缨菊非常强壮，春季播种，秋季就可以开出花来。

【花园应用】细长的花茎让它从各种植物中脱颖而出。在宽阔处撒落的种子会自己生根发芽，为花园带去几许如野花般独有的乐趣。

Calibrachoa hybrids

百万小铃

科别 / 茄科　原产地 / 南美洲
花期 / 5—11 月
花径 / 2 ~ 3cm
花色 /
株高 / 15 ~ 40cm
宽幅 / 20 ~ 40cm
耐寒性 / ●☺☺　耐阴性 / ●●☺
耐热性 / ●●☺　耐闷热性 / ●●☺
光照需求 / ●●●
水分需求 / ●●☺
繁殖方式 / 扦插
栽种时期 / 3—5 月

【特征】茎和叶都很细，比矮牵牛更小的花朵在枝梢垂头开放。喜肥，花色丰富，花形也好看。近年来有各种各样的杂交种上市，抗病性强、耐热、不怕雨淋的品种逐渐增多，养护起来更容易了。

【花园应用】用花盆种植可以为其创造良好的通风环境，护理起来也方便，可欣赏的时间也会更长。如果将其放在花架上或吊篮中，观赏期就更久了。

Calendula officinalis 'Coffee Cream'

金盏花'咖啡奶油'

科别 / 菊科　原产地 / 地中海沿岸地区
花期 / 3—5 月
花径 / 5 ~ 6cm
花色 /
株高 / 20 ~ 35cm
宽幅 / 20 ~ 30cm
耐寒性 / ●●☺　耐阴性 / ●☺☺
耐热性 / ●☺☺　耐闷热性 / ●☺☺
光照需求 / ●●●
水分需求 / ●●☺
繁殖方式 / 播种（秋播）
栽种时期 / 2—3 月

【特征】金盏花有耐寒的小花品种'不觉冬'，以及许多大花切花品种等，其中尤以'咖啡奶油'人气最高。'咖啡奶油'的花朵大小中等，花瓣内侧呈杏黄色或奶白色，外侧有棕色的纹理，颇具魅力。

【花园应用】柔和的色调不论和什么颜色都很搭。把几株种在一起，与周围的花草争香斗艳也很不错。

寒冷天气下也不必担心，3月中旬之后就可以移栽到花园中了

Campanula medium

风铃草

科别 / 桔梗科　原产地 / 欧洲
花期 / 5—7 月
花径 / 6 ~ 7cm
花色 /
株高 / 0.7 ~ 1m
宽幅 / 35 ~ 50cm
耐寒性 / ☻☻☻　耐阴性 / ☻☻☺
耐热性 / ☻☺☺　耐闷热性 / ☻☻☺
光照需求 / ☻☻☺
水分需求 / ☻☻☺
繁殖方式 / 播种（春播、秋播）
栽种时期 / 2—3 月，10—11 月

【特征】风铃草的花比紫斑风铃草的大一些。以前大多作为春季播种的二年生草本植物栽培，近年来，有些品种在秋季播种后次年初夏就能开花，育苗时间可以缩短至 6 个月，市面上的小苗也因此越来越多了。

【花园应用】紫色的花朵在花园中极为引人注目，和白花搭配在一起，更添清爽感。粉色和白色的花朵则可以打造柔美的场景，与其他植物搭配起来也很容易。

上图为球吉利的代表花色淡紫色，右图为三色吉利花‘暮光’可爱的小花聚集在一起。

Gilia capitata

球吉利

科别 / 花荵科
原产地 / 美国
花期 / 5—7 月　花径 / 1.5 ~ 3cm
花色 /
株高 / 40 ~ 90cm
宽幅 / 20 ~ 40cm
耐寒性 / ☻☻☻　耐阴性 / ☻☻☺
耐热性 / ☻☺☺　耐闷热性 / ☻☻☺
光照需求 / ☻☻☻
水分需求 / ☻☻☺
繁殖方式 / 播种（秋播）
栽种时期 / 3—4 月，10—11 月

【特征】球吉利开淡紫色的花，小花聚集在一起呈球状，非常美丽；茎和叶都带有水果香。三色吉利花‘暮光’的花多呈深紫色，花瓣边缘渐变为白色。不论哪个品种都显得典雅而清爽。

【花园应用】适合与蕾丝花、紫蜜蜡花、毛地黄等一起栽种在景观的中部，打造出清爽的画面。

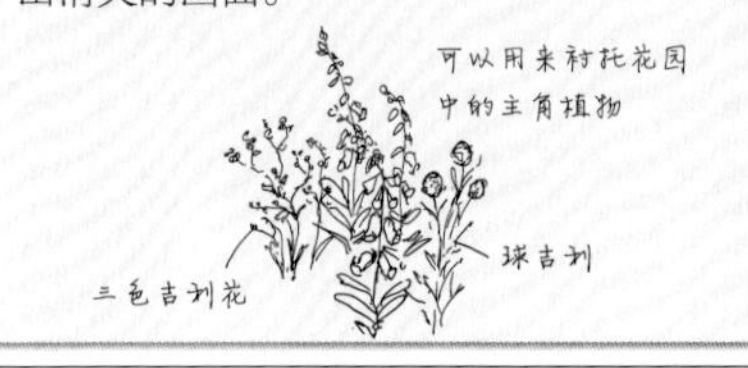

Brassioa oleracea ‘Petit vert’

甘蓝‘小绿’

科别 / 十字花科
原产地 / 地中海东部地区
花期 / 3—5 月　花径 / 约 1cm
花色 /
株高 / 30 ~ 40cm
宽幅 / 25 ~ 35cm
耐寒性 / ☻☻☻　耐阴性 / ☻☺☺
耐热性 / ☻☺☺　耐闷热性 / ☻☻☺
光照需求 / ☻☻☻
水分需求 / ☻☻☺
繁殖方式 / 播种（春播、秋播）
栽种时期 / 3—4 月，9—10 月

【特征】甘蓝是营养价值非常高的蔬菜。‘小绿’则是由抱子甘蓝和羽衣甘蓝杂交的新品种，叶片边缘有明显的皱褶，不仅非常美味，观赏价值也很高。

【花园应用】虽然是一种蔬菜，但完全可以作为一种观赏植物栽种在花园中，带有褶皱的叶片颜色和质感都很不错。

Kochia scoparia

地肤

科别 / 苋科　原产地 / 亚洲
花期 / 8 月
花径 / 约 0.2cm
花色 /
株高 / 40 ~ 60cm
宽幅 / 30 ~ 50cm
耐寒性 / 　耐阴性 /
耐热性 / 　耐闷热性 /
光照需求 /
水分需求 /
繁殖方式 / 播种（春播）
栽种时期 / 5—6 月

【特征】将它的枝条捆扎在一起可以做成扫帚使用，因此也被称为扫帚菜。枝叶茂盛，夏季会密密麻麻开出许多朴素的小花，果实可入药，在中医领域被称为地肤子。秋季，叶片会变为鲜红色，株姿优美。

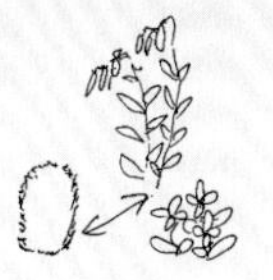

【花园应用】枝叶茂密，可以作为花园中的焦点应用。在空间有限的花园中分散种植，能营造出幽深的感觉。

Cosmos bipinnatus

秋英

科别 / 菊科
原产地 / 墨西哥
花期 / 6—11 月
花径 / 7 ~ 10cm
花色 /
株高 / 0.5 ~ 1m
宽幅 / 30 ~ 60cm
耐寒性 / 　耐阴性 /
耐热性 / 　耐闷热性 /
光照需求 /
水分需求 /
繁殖方式 / 播种（春播）
栽种时期 / 4—9 月

【特征】只要是向阳的通风处，不论土质如何都可以种植秋英。虽然是短日照植物，但近年来也有许多不受日照影响，6 月前后就能开花的品种，大大增加了可选择性。

【花园应用】在风中摇曳生姿的波斯菊，散发出一种梦幻般的美感，适合栽种在有风吹拂的地方。

小空间造景。后方是较高的粉色秋英，前方是较矮的白色品种。

清爽的黄色花园

较低矮的黄秋英

斑纹的颜色有白色、红色、粉色、紫色等。

Coleus scutellarioides

彩叶草（锦紫苏）

科别 / 唇形科　原产地 / 亚洲东南部
花期 / 6—10 月　花径 / 约 0.2cm
花穗 / 10 ~ 15cm
花色 /
株高 / 20 ~ 80cm
宽幅 / 20 ~ 50cm
耐寒性 / ●○○　耐阴性 / ●●○
耐热性 / ●●●　耐闷热性 / ●●●
光照需求 / ●●○
水分需求 / ●●●
繁殖方式 / 播种（春播）、扦插
栽种时期 / 5—6 月

【特征】与花相比，叶片更具观赏价值，不论是叶色还是叶形都看点满满。过去市面上流通的主要是用种子培育出来的苗，如今通过扦插繁殖的品种越来越多。总体来说耐热且强健，但不耐干燥和夏季强烈的西晒，这两方面要多加注意。

【花园应用】由于不同品种的彩叶草叶色已足够丰富，因此无须添加其他植物就可以制作出非常完美的组合盆栽。通过修剪将其打造成球形或棒棒糖造型也很有趣。

Salvia

一年生鼠尾草

科别 / 唇形科　原产地 / 巴西
花期 / 5—11 月
花径 / 约 1cm
花色 /
株高 / 40 ~ 50cm
宽幅 / 20 ~ 45cm
耐寒性 / ●○○　耐阴性 / ●○○
耐热性 / ●●●　耐闷热性 / ●●○
光照需求 / ●●●
水分需求 / ●●●
繁殖方式 / 播种（春播）
栽种时期 / 4—6 月

3种颜色的朱唇组合栽种，粉色的加入让画面更显轻盈。

朱唇

【特征】品种众多，观赏性极佳的一串红和朱唇是其中的代表性品种。

【花园应用】一串红的红色花朵让人印象深刻，这几年也有紫色和白色品种在市面上流通，更便于与不同的植物搭配。朱唇的株型较大，因其带有几分野趣，很容易融入景观中，可以将它栽种在路旁的花坛边，让其茎干自然地向外延伸，打造出天然淳朴的意境。

雅致的紫色一串红

带来清凉感的白花一串红

株形似扫帚的南欧丹参

生有蝴蝶一样美丽苞叶的彩苞鼠尾草

Sanvitalia procumbens

蛇目菊

科别 / 菊科　原产地 / 危地马拉、墨西哥
花期 / 6—11 月
花径 / 1.5 ~ 2cm
花色 /
株高 / 20 ~ 30cm
宽幅 / 30 ~ 40cm
耐寒性 / ●○○　耐阴性 / ●○○
耐热性 / ●●○　耐闷热性 / ●●○
光照需求 / ●●●
水分需求 / ●●○
繁殖方式 / 播种（春播）
栽种时期 / 4—6 月

【特征】茎蔓延生长，多分枝，株丛密集。花朵似小型向日葵，中心呈黑色，花瓣为黄色、橙色或奶白色。喜欢通风性、排水性良好的向阳处。除了普通品种外，还有开半重瓣花的，以及花心为绿色的园艺品种。

【花园应用】可以充分利用其生长特性，将它栽种在花坛的前方，或者种植于组合盆栽的边缘处。

移栽时要避免根部受伤

Digitalis

毛地黄

科别 / 玄参科　原产地 / 欧洲，亚洲西部
花期 / 5—7 月
花径 / 4 ~ 5cm
花色 /
株高 / 0.8 ~ 1.5m
宽幅 / 40 ~ 60cm
耐寒性 / ●●●　耐阴性 / ●●○
耐热性 / ●○○　耐闷热性 / ●○○
光照需求 / ●●○
水分需求 / ●●○
繁殖方式 / 播种（春播）、分株（寒冷地区）
栽种时期 / 10—11 月

【特征】直立挺拔的花茎上生长着一串串花朵，极为吸引眼球。本是宿根草本植物，但因其不耐高温高湿，再加上开花时消耗过大，花后难以在温暖地区度夏，因此被当作一、二年生草本植物对待。不喜酸性土壤，栽种前要用石灰等中和土壤，这样能让植株长得更壮观。

【花园应用】株型修长，花色丰富，有白色、粉色、淡黄色等，可以与多种植物搭配，非常值得纳入花园中。

若想欣赏到壮观的花穗，要在10—11月种下小苗

Zinnia Profusion Series

丰花百日草

科别 / 菊科　原产地 / 墨西哥
花期 / 5—11 月
花径 / 约 5cm
花色 /
株高 / 30 ~ 40cm
宽幅 / 25 ~ 35cm
耐寒性 / ●○○　耐阴性 / ●○○
耐热性 / ●●●　耐闷热性 / ●○○
光照需求 / ●●●
水分需求 / ●●○
繁殖方式 / 播种（春播）
栽种时期 / 5—6 月

【特征】百日草又称百日菊，既有大花品种，又有叶片纤细的小花品种，丰花百日草便是上述两者杂交而成的。虽然不太耐闷热，但比较耐高温且花期长，是夏季花园里的重要角色。

【花园应用】紧凑的株型和魅力十足的花朵非常适合用于花园造景。用它搭配开红色花朵的植物，可以为夏季带来满满活力。

花从春季开到秋季

Cynoglossum amabile

倒提壶

科别 / 紫草科　原产地 / 中国
花期 / 4—6 月
花径 / 约 1cm
花色 /
株高 / 30 ~ 50cm
宽幅 / 20 ~ 40cm
耐寒性 /　耐阴性 /
耐热性 /　耐闷热性 /
光照需求 /
水分需求 /
繁殖方式 / 播种（秋播）
栽种时期 / 2—3 月，10—11 月

【特征】开花时和勿忘草很像，株型略大，坚韧的花茎从基生的叶片中抽生出来，可以制成鲜切花欣赏。喜欢光照好且排水性佳的地方，极度干燥的环境会伤到植株根部。

【花园应用】植株较为强健，花朵呈蓝色，略显深沉，有着和勿忘草不一样的魅力。虽然茎干纤细，但别有一番野趣。

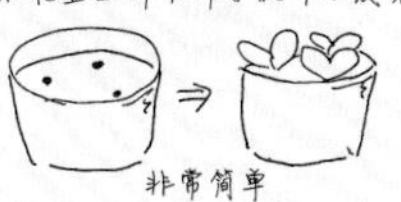

Lobularia maritima

香雪球

科别 / 十字花科
原产地 / 地中海沿岸地区
花期 / 3—6 月，9—11 月
花径 / 0.6 ~ 0.7cm
花色 /
株高 / 10 ~ 25cm　宽幅 / 20 ~ 40cm
耐寒性 /　耐阴性 /
耐热性 /　耐闷热性 /
光照需求 /
水分需求 /
繁殖方式 / 播种（秋播）
栽种时期 / 3 月，10—11 月

【特征】散发着甜香的小花不断开放，盛花期植株会完全被花朵覆盖。较为耐寒，但是冬季的北风和霜雪也可能会使枝条受伤。冬季将其移栽到花盆中放到屋檐下，或者在夜间为其盖上薄膜保暖，采取一些防寒措施。

【花园应用】植株较矮，可以铺设在花坛的边缘，或者放在架子上，让枝条自然垂坠，有效利用它的姿态之美。

Lathyrus odoratus

香豌豆

科别 / 豆科
原产地 / 意大利
花期 / 4—6 月　花径 / 4 ~ 5cm
花色 /
株高 / 0.4 ~ 2.5m
宽幅 / 0.4 ~ 2m
耐寒性 /　耐阴性 /
耐热性 /　耐闷热性 /
光照需求 /
水分需求 /
繁殖方式 / 播种（秋播）
栽种时期 / 花苗 2—3 月

【特征】茎攀缘生长，多分枝，需以花架或栅栏支撑。花茎从叶腋抽生，顶端绽放 3 ~ 5 朵带有甜香的花朵。另外，也有无卷须，在地面匍匐生长开花的低矮品种。易于栽培，适合新手。

【花园应用】香豌豆的茎不仅会攀附在栅栏上，还会顺着树木的枝干肆意攀缘。根据个人需求，可以将它打造成花园景观的焦点。

多株栽种在一起更加迷人。

Matthiola incana

紫罗兰

科别 / 十字花科　原产地 / 欧洲南部
花期 / 10 月至次年 5 月
花径 / 约 3cm
花色 /
株高 / 30 ~ 60cm
宽幅 / 15 ~ 30cm
耐寒性 / ●●○　耐阴性 / ●○○
耐热性 / ●○○　耐闷热性 / ●●●
光照需求 / ●●●
水分需求 / ●●○
繁殖方式 / 播种（秋播）
栽种时期 / 3 月，10—11 月

【特征】虽说是多年生草本植物，但由于不耐热，常被当作一年生植物栽培。花色丰富，有单瓣和重瓣品种，可于冬季至翌春期间栽种在花坛中或用于组合盆栽。高挑的品种主要用来做鲜切花，低矮品种则作为盆栽苗在市面流通。

【花园应用】冬季的花苗大多为三色堇、樱草、香雪球等株型低矮的植物，与它们相比稍微高一些的紫罗兰就成了冬季植物中的明星。

Trifolium incarnatum

绛车轴草

科别 / 豆科　原产地 / 欧洲
花期 / 4—6 月
花穗长 / 5 ~ 6cm
花色 /
株高 / 30 ~ 50cm
宽幅 / 20 ~ 30cm
耐寒性 / ●●●　耐阴性 / ●○○
耐热性 / ●○○　耐闷热性 / ●●○
光照需求 / ●●●
水分需求 / ●●○
繁殖方式 / 播种（秋播）
栽种时期 / 2—3 月

【特征】冬季寒冷时茎呈低垂状，气温上升后重新直立生长。与白车轴草同属于车轴草属，花和草莓有些相似，可以做成切花。

【花园应用】适合与其他植物组合在一起欣赏，种植时要在植株之间留有足够的间距。将多株栽种在一起能打造出极佳的视觉体验。

不喜欢被频繁移植，于脆直接用种子栽培吧

Cerinthe major 'Purpurescens'

紫蜜蜡花

科别 / 紫草科　原产地 / 欧洲
花期 / 4—5 月
花径 / 约 0.6cm
花色 /
株高 / 50 ~ 70cm
宽幅 / 30 ~ 40cm
耐寒性 / ●●○　耐阴性 / ●○○
耐热性 / ●○○　耐闷热性 / ●●○
光照需求 / ●●●
水分需求 / ●●○
繁殖方式 / 播种（秋播）
栽种时期 / 2—3 月

【特征】枝条较多，叶片上有水珠一样的乳白色斑纹，挺立的枝条末端垂头绽放着深紫色的花朵。虽然看起来有些柔弱，但通过掉落的种子就能自播繁殖，养护起来也很容易。

【花园应用】考虑到其自然伸展的枝叶姿态，建议种植在景观的前方，让花园更具动感。

Closia argentea

青葙

科别 / 苋科
原产地 / 亚洲热带地区
花期 / 7—11 月
花穗 / 7 ~ 11cm
花色 /
株高 / 0.4 ~ 1.2m
宽幅 / 20 ~ 50cm
耐寒性 / ●○○
耐阴性 / ●○○
耐热性 / ●●●
耐闷热性 / ●●●
光照需求 / ●●●
水分需求 / ●●○
繁殖方式 / 播种（春播）
栽种时期 / 5—6 月

‘亮丽红’

‘委内瑞拉’

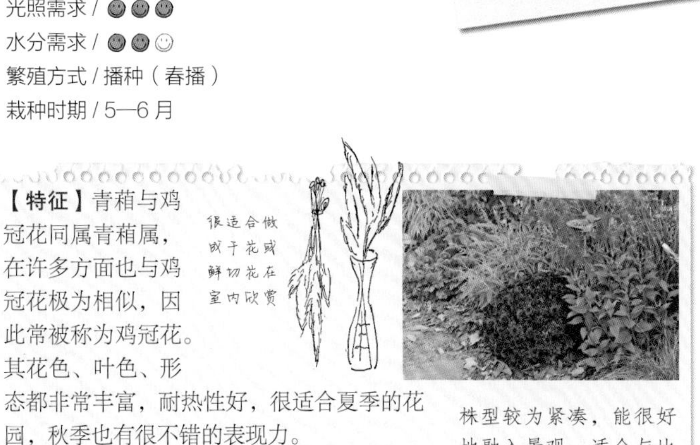

【特征】青葙与鸡冠花同属青葙属，在许多方面也与鸡冠花极为相似，因此常被称为鸡冠花。其花色、叶色、形态都非常丰富，耐热性好，很适合夏季的花园，秋季也有很不错的表现力。

【花园应用】青葙色调深沉的花朵让它能够轻松融入任何场景。除了作为核心植材应用于组合盆栽中之外，还可以作为花坛中高度适中的植物，连接前后方，起到平衡作用。

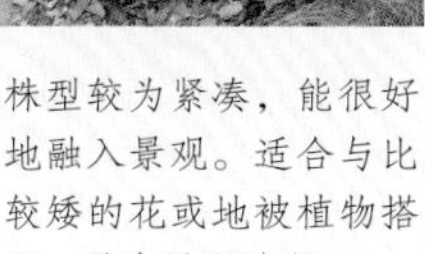

株型较为紧凑，能很好地融入景观。适合与比较矮的花或地被植物搭配，种在景观前方。

Gomphrena globosa

千日红

科别 / 苋科
原产地 / 美洲热带地区
花期 / 6—11 月　花径 / 2 ~ 3cm
花色 /
株高 / 40 ~ 60cm
宽幅 / 25 ~ 40cm
耐寒性 / ●○○　耐阴性 / ●○○
耐热性 / ●●●　耐闷热性 / ●●●
光照需求 / ●●●
水分需求 / ●●○
繁殖方式 / 播种（春播）
栽种时期 / 5—6 月

【特征】千日红，生性强健且经常开花，毛球一样的头状花序非常可爱。外观呈紫红色或粉色的部分其实是苞片，仔细观察可以发现中间开着白色的小花。苞片在花朵凋谢后仍不会褪色，大大延长了其观赏期。

【花园应用】清爽的紫红色让场景显得更为雅致。近年来市面上逐渐出现了粉色和白色的品种，将它们与深色的花搭配在一起，可以打造出对比强烈的场景。

Capsicum annuum ‘Black Pearl’

辣椒‘黑珍珠’

科别 / 茄科　原产地 / 美洲热带地区
花期 / 7—10 月
花径 / 约 0.8cm
花色 /
株高 / 30 ~ 40cm
宽幅 / 20 ~ 30cm
耐寒性 / ☻☺☺　耐阴性 / ☻☺☺
耐热性 / ☻☻☻　耐闷热性 / ☻☻☺
光照需求 / ☻☻☻
水分需求 / ☻☻☺
繁殖方式 / 播种（春播）
栽种时期 / 5—6 月

【特征】观赏性极佳的园艺品种，颜色和果实形态多样。生长期，叶和茎都会变成黑紫色，果实最初和茎、叶一样呈黑紫色，随着时间的推移会逐渐变为鲜红色。

【花园应用】在场景中既可以充当主角又能担任配角。夏季适合利用其深沉的颜色衬托金光菊等色彩丰富的花朵。

种子要在20℃以上的环境中才能发芽，
建议在5月中旬以后播种

Torenia fournieri

夏堇

科别 / 玄参科　原产地 / 亚洲东南部
花期 / 5—10 月
花径 / 2 ~ 3cm
花色 /
株高 / 20 ~ 35cm
宽幅 / 20 ~ 40cm
耐寒性 / ☻☺☺　耐阴性 / ☻☻☺
耐热性 / ☻☻☻　耐闷热性 / ☻☻☺
光照需求 / ☻☻☺
水分需求 / ☻☻☻
繁殖方式 / 播种（春播）、扦插
栽种时期 / 5—6 月

【特征】夏堇本是多年生草本植物，由于不耐寒，难以过冬，常被当作一年生植物栽培。喜水喜肥，分枝多，株型茂密，花期长，花朵会在茎的末端持续不断地绽放。

【花园应用】除了直立生长的品种之外，也有匍匐生长的品种在市面上流通，再加上其选择性颇多的花色，这一切都让它成了组合盆栽中的高人气植物。除此之外，夏堇也很适合作为地被植物种植在花园中。

Nigella damascena

黑种草

别科 / 毛茛科　原产地 / 欧洲南部
花期 / 4—6 月
花径 / 3 ~ 5cm
花色 /
株高 / 30 ~ 80cm
宽幅 / 20 ~ 40cm
耐寒性 / ☻☻☻　耐阴性 / ☻☺☺
耐热性 / ☻☺☺　耐闷热性 / ☻☻☺
光照需求 / ☻☻☻
水分需求 / ☻☻☺
繁殖方式 / 播种（秋播）、自播
栽种时期 / 2—3 月

【特征】叶为二至三回羽状复叶，末回裂片狭线形或丝形。花单生枝顶，带有颜色、形如花瓣的部分其实是花萼。花后像气球一样圆鼓鼓的果实可以剪切下来制成干花。

【花园应用】可以自播发芽，野趣十足。可将种子撒在视觉冲击感强烈的植物之间，或者花坛的中部，任由其自然生长，营造出和谐美好的氛围。

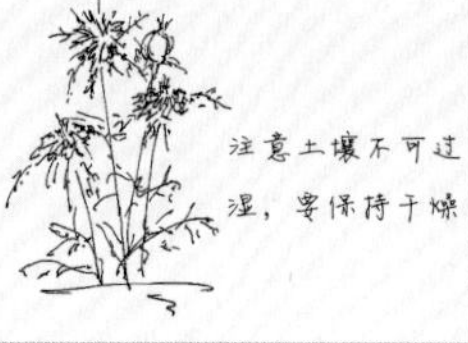

Catharanthus roseu

长春花

科别 / 夹竹桃科
原产地 / 马达加斯加、印度
花期 / 5—10 月 花径 / 3 ~ 4cm
花色 /
株高 / 20 ~ 60cm
宽幅 / 20 ~ 40cm
耐寒性 / 耐阴性 /
耐热性 / 耐闷热性 /
光照需求 /
水分需求 /
繁殖方式 / 播种（春播）、扦插
栽种时期 / 5—6 月

【特征】在原产地是半灌木，但在寒冷地区会因难以过冬而枯萎，因此常被当作一年生草本植物来栽培。花的形状像螺旋桨，虽然 1 朵花只能维持 3 ~ 5 天，但夏季会接连不断地开花，让观赏期得以延长。

【花园应用】可以在梅雨季将枝条剪下来扦插，这样梅雨季过后就可以欣赏到许多花了。

Nemesia cheiranthus ‘Shooting Stars’

龙面花‘流星’

科别 / 玄参科 原产地 / 南非
花期 / 4—5 月
花径 / 约 3cm
花色 /
株高 / 30 ~ 40cm
宽幅 / 30 ~ 40cm
耐寒性 / 耐阴性 /
耐热性 / 耐闷热性 /
光照需求 /
水分需求 /
繁殖方式 / 播种（秋播）
栽种时期 / 2—3 月

【特征】龙面花有多年生的，也有一、二年生的品种。‘流星’枝叶纵横交错，密集生长，与一般的龙面花最大的不同在于花形非常独特，还带有甜甜的香味。

【花园应用】‘流星’的外观个性十足，纤细的茎干随风摇曳，适合点缀在充满趣味的场景中。

上图为‘南方魅力’，右图为‘罗塞塔’。

Verbascum

毛蕊花

科别 / 玄参科 原产地 / 欧洲
花期 / 4—7 月 花径 / 约 3cm
花色 /
株高 / 50 ~ 70cm 宽幅 / 25 ~ 35cm
耐寒性 /
耐阴性 /
耐热性 /
耐闷热性 /
光照需求 /
水分需求 /
繁殖方式 / 播种（秋播）
栽种时期 / 2—3 月，10—11 月

【特征】叶片基生，叶丛中抽生出长长的花茎，花穗可以从春季一直观赏到初夏。虽然开黄色花朵的大型毛蕊花曾经是毛蕊花属的代表性品种，但这几年茎干纤细的小花型紫毛蕊花逐渐收获更多人气成为主流品种。

【花园应用】适合作为连接景观高处和低处的植物使用。仅栽种 1 株会显得有些稀疏，建议在一处多种几株，以增加植物体量。

活用个体的颜色差异打造层次丰富的景观

Brassica oleracea 'Glamour Red'

羽衣甘蓝‘魅力红’

科别 / 十字花科　原产地 / 欧洲西部
花期 / 3—4 月　花径 / 约 1cm
花色 /
株高 / 20 ~ 30cm　宽幅 / 15 ~ 20cm
耐寒性 / ●●●
耐阴性 / ●●○
耐热性 / ●●○
耐闷热性 / ●●●
光照需求 / ●●●
水分需求 / ●●○
繁殖方式 / 播种（秋播）、扦插
栽种时期 / 10—11 月

【特征】羽衣甘蓝又称叶牡丹，‘魅力红’是其改良后的观赏品种。特色各不相同的甘蓝杂交后，得到了更多样的品种，叶色、叶形富于变化，让人印象深刻。

【花园应用】‘魅力红’耐寒性极佳，冬季运用于组合盆栽或者种植到花坛里都很不错。夏、秋两季是其生长期，植株会长得很大，保证相邻的两株羽衣甘蓝叶片稍微重叠可以打造出很棒的视觉效果。

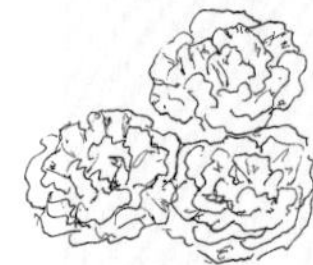

Viola tricolor & *Viola odorta*

三色堇 & 香堇菜

科别 / 堇菜科　原产地 / 欧洲
花期 / 10 月至次年 5 月
花径 / 约 0.5cm
常见花色 /
株高 / 25 ~ 35cm
宽幅 / 25 ~ 35cm
耐寒性 / ●●●
耐阴性 / ●○○
耐热性 / ●○○
耐闷热性 / ●●●
光照需求 / ●●●
水分需求 / ●●○
繁殖方式 / 播种（夏播）
栽种时期 / 10—11 月

【特征】约 30 年前，香堇菜和三色堇就常作为早春开花的植物出现在花园中。因其本身很耐寒，改良品种可以从秋季开始一直开花至次年春季，这个特性让它们逐渐成为冬季花园的代表性植物。花朵更大的是三色堇，开小花的则是香堇菜，二者的花色和花形多种多样，有时会难以区分。

【花园应用】每年 10—11 月栽种，可在同一处多种几株以增加花朵的数量。根据场景的需要选择花色和花形，让植物能更好地融入画面。

香堇菜‘小梅’
香堇菜‘桃香芳芳’
香堇菜‘兰花霜’
三色堇‘仙女的薄纱·罗马’
三色堇‘纯紫’

‘百香果’

Daucus carota var. *sativus* ‘Black Knight’

胡萝卜花‘黑骑士’

科别 / 伞形科　原产地 / 地中海沿岸地区
花期 / 6—9 月
花径 / 约 12cm
花色 /
株高 / 0.9 ~ 1.2m
宽幅 / 40 ~ 50cm
耐寒性 / ●●●　耐阴性 / ●○○
耐热性 / ●○○　耐闷热性 / ●●○
光照需求 / ●●●
水分需求 / ●●○
繁殖方式 / 播种（秋播）
栽种时期 / 10—11 月

【特征】‘黑骑士’是常见蔬菜胡萝卜的园艺品种，耐寒，不耐热。它的叶片纤细，茎的末端有分枝，褐红色的小花密集地聚在一起，乍看上去与蕾丝花有些相似。

【花园应用】株高较高，容易被风吹倒，可以用木棍等稍做支撑。单株植物并不是很茂密，如果空间足够宽敞，可以多种上几株，打造更佳的视觉效果。

上图为意趣十足的‘金色蕾丝’，右图为常用于组合盆栽的‘阳光下的糖果’。

Primula juriana hybrids

杂交欧报春

科别 / 报春花科　原产地 / 欧洲
花期 / 11 月至次年 5 月
花径 / 3 ~ 4cm
花色 /
株高 / 10 ~ 30cm　宽幅 / 10 ~ 20cm
耐寒性 / ●●●　耐阴性 / ●○○
耐热性 / ●○○
耐闷热性 / ●●○
光照需求 / ●●●
水分需求 / ●●○
繁殖方式 / 分株
栽种时期 / 10—11 月

【特征】虽然是多年生草本植物，但由于不太耐热，因此被当作一、二年生草本植物对待。花色丰富，花形也多种多样，有皱边的、重瓣的等。正常情况下是 3 月前后开花，但因为耐寒性极佳，11 月左右就能看到开着花的小苗在市面上流通。

【花园应用】虽说耐寒，但地栽的情况下也很容易因为气温骤降而受伤，冬季最好还是移栽到花盆中放到屋檐下养护，等天气转暖再改为地栽。

Trachymene caerulea

翠珠花

科别 / 伞形科　原产地 / 澳大利亚
花期 / 6—7 月
花径 / 约 5cm
花色 /
株高 / 50 ~ 80cm
宽幅 / 20 ~ 50cm
耐寒性 / ●●○　耐阴性 / ●○○
耐热性 / ●○○　耐闷热性 / ●●○
光照需求 / ●●●
水分需求 / ●●○
繁殖方式 / 播种（春播、秋播）
栽种时期 / 3—4 月

【特征】翠珠花枝条末端的花序如同一把把展开的小伞，非常可爱。它和蕾丝花、胡萝卜花一样都是伞形科的植物，但花形和株型略有不同。

【花园应用】翠珠花的茎干在微风的吹拂下会轻轻摆动，可在高矮或深浅不同的植物之间起到过渡作用，让画面看上去更加和谐。

Petunia ‘Honey bee’

矮牵牛‘蜜蜂’

科别 / 茄科　原产地 / 南美洲

花期 / 4—11 月

花径 / 6 ~ 10cm

花色 /

株高 / 20 ~ 30cm

宽幅 / 20 ~ 40cm

耐寒性 / ●○○　耐阴性 / ●○○

耐热性 / ●●○　耐闷热性 / ●●○

光照需求 / ●●●

水分需求 / ●●○

繁殖方式 / 扦插、播种（秋播）

栽种时期 / 4—6 月

【特征】矮牵牛‘蜜蜂’从基部抽生出多条花茎，喇叭形的花朵可以从春季一直观赏到秋季，华美而极具个性。它喜欢通风、排水良好的向阳处，因为要不断开花，所以对肥料的需求较大。容易遭受蛞蝓的侵害，要用药防治。

【花园应用】在各类矮牵牛品种中，图中这种花瓣黑黄相间的直立型品种颇具人气，常作为组合盆栽的植材使用。

本来是常绿半灌木，但我们一般都用初夏上市的苗，把它当作一年生草本植物来栽培。

Pentas lanceolata

五星花

科别 / 茜草科

原产地 / 非洲热带地区

花期 / 5—11 月　花径 / 约 1.5cm

花色 /

株高 / 30 ~ 60cm

宽幅 / 25 ~ 45cm

耐寒性 / ●○○　耐阴性 / ●○○

耐热性 / ●●●　耐闷热性 / ●●●

光照需求 / ●●●

水分需求 / ●●○

繁殖方式 / 扦插

栽种时期 / 5—6 月

【特征】从基部就开始分枝，顶部生出许多星形小花，排列成聚伞花序。花后及时修剪可以促进侧芽生长，让植株继续开花。花期建议每月施一次肥，让植物有充足的养分。

【花园应用】五星花非常耐热，就算是盛夏也不怕阳光直射。它从 5 月到 11 月会持续不断地开花，且花朵颜色鲜艳，很适合在梅雨季补充到因为过于闷热而显得有些凋敝的花境中。

Borago officinalis

琉璃苣

科别 / 紫草科　原产地 / 地中海沿岸地区

花期 / 3—7 月

花径 / 2 ~ 3cm

花色 /

株高 / 0.4 ~ 1m

宽幅 / 25 ~ 50cm

耐寒性 / ●●●　耐阴性 / ●○○

耐热性 / ●○○　耐闷热性 / ●○○

光照需求 / ●●●

水分需求 / ●●○

繁殖方式 / 播种（春播、秋播）

栽种时期 / 2—3 月，9—11 月

【特征】一种香草，枝干舒展，开花时高可达 1m。叶片呈卵形，叶面粗糙且布满细毛，摸起来有些扎手。春、夏时节，花茎末端生长出蓝色的花朵，排列成聚伞花序。很容易通过自播繁殖。

【花园应用】如果春季播种，植株会在夏季开花；通过秋播得到的植株要等次年春季才能开花，不过花径会更大，花量也更多。美丽的蓝色花朵很适合为花园添彩。

Alcea rosea

蜀葵

科别 / 锦葵科
原产地 / 亚洲西南部至中部
花期 / 6—8 月　花径 / 0.8 ~ 2m
花色 /
株高 / 0.8 ~ 2m
宽幅 / 40 ~ 50cm
耐寒性 / ●●●　耐阴性 / ●○○
耐热性 / ●●○　耐闷热性 / ●●○
光照需求 / ●●●
水分需求 / ●●○
繁殖方式 / 播种（秋播）、分株
栽种时期 / 3—4 月，10—11 月

【特征】蜀葵本是多年生草本植物，但植株的寿命比较短，花后有时会枯萎而难以度夏，因此常被当作一、二年生植物对待。它高可达 2m，花色丰富，有单瓣、重瓣等各种不同的品种。

【花园应用】植株较高，适合种在景观的后方。花色众多，卖点十足。如果栽种在花盆里或者空间有限的花园中，建议选用最高只能长到约 0.8m 的品种。

Tagetes

万寿菊

科别 / 菊科
原产地 / 墨西哥
花期 / 5—11 月
花径 / 3 ~ 5cm
花色 /
株高 / 40 ~ 50cm
宽幅 / 30 ~ 40cm
耐寒性 / ●○○　耐阴性 / ●○○
耐热性 / ●●●　耐闷热性 / ●●○
光照需求 / ●●●
水分需求 / ●●●
繁殖方式 / 播种（秋播）
栽种时期 / 4—5 月

黄色的万寿菊

多年生的芳香万寿菊

‘索兰’

【特征】万寿菊品种众多，单瓣的、重瓣的、大花的、小花的等等，还有一种多年生的叫芳香万寿菊。

【花园应用】我们每次都会在花园里种一些比较少见的万寿菊新品种。几年前是‘索兰’，它的花朵中间为黄色且略微突起，外圈呈褐色，宛如一顶顶样式别致的小帽子，非常可爱。

花期长　勤剪已经凋谢的花

各种黄花搭配在一起时，‘索兰’花朵上的些许褐色脱颖而出，让整个场景更有纵深感。

Brassica oleracea var. *capitata*

紫甘蓝

科别 / 十字花科　原产地 / 欧洲
花期 / 3—5 月
花径 / 约 1cm
花色 /
株高 / 20 ~ 30cm
宽幅 / 30 ~ 40cm
耐寒性 / ●●●　耐阴性 / ●○○
耐热性 / ●●○　耐闷热性 / ●●○
光照需求 / ●●●
水分需求 / ●●○
繁殖方式 / 播种（秋播）
栽种时期 / 2—3 月，9—11 月

【特征】紫甘蓝本是 8 月下旬至 9 月间播种，12 月至次年 3 月收获的蔬菜，由于其叶片像红宝石一样好看，如今常用作彩叶植物为花园或组合盆栽增色。

【花园应用】近几年叶色好看的蔬菜人气越来越高，它们既可以用于花园造景或组合盆栽，又可以为家庭菜园增添一抹亮色，应用范围十分广泛。

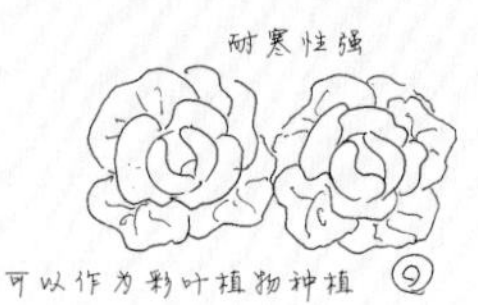

Melampodium paludosum

黄帝菊

科别 / 菊科　原产地 / 美洲热带地区
花期 / 5—11 月　花径 / 约 2cm
花色 /
株高 / 20 ~ 30cm　宽幅 / 20 ~ 30cm
耐寒性 / ●○○
耐阴性 / ●●○
耐热性 / ●●●
耐闷热性 / ●●●
光照需求 / ●●●
水分需求 / ●●●
繁殖方式 / 播种（春播）
栽种时期 / 5—6 月

【特征】黄帝菊就算在高温高湿的环境中也能茁壮生长。花朵有点像小型向日葵，一朵接着一朵，覆盖在整个植株外，即便不修剪，植株也会自然而然地长成球形。在明亮的背阴处也可以开花，只是花量会少一些。

【花园应用】花期长且耐热，非常适合夏季。可以提前在花园中做好规划，将它有规律地种成一排，一团一团的球形外观极为吸引眼球。

Centaurea cyanus

矢车菊

科别 / 菊科　原产地 / 欧洲
花期 / 4—6 月
花径 / 约 4cm
花色 /
株高 / 0.8 ~ 1m
宽幅 / 30 ~ 40cm
耐寒性 / ●●●　耐阴性 / ●●○
耐热性 / ●○○　耐闷热性 / ●●○
光照需求 / ●●○
水分需求 / ●●○
繁殖方式 / 播种（秋播）
栽种时期 / 10—11 月

'黑球'

花虽小但存在感十足的白色品种

Consolida ajacis

飞燕草

科别 / 毛茛科　原产地 / 欧洲南部
花期 / 5—6 月
花径 / 2 ~ 3cm
花色 /
株高 / 0.6 ~ 1m
宽幅 / 30 ~ 50cm
耐寒性 /　耐阴性 /
耐热性 /　耐闷热性 /
光照需求 /
水分需求 /
繁殖方式 / 播种（秋播）、自播
栽种时期 / 3 月

【特征】飞燕草的花和翠雀的有些像，但相比之下更娇嫩，花量也更多。株型较高，易倒伏，需要在冬、春季为其剪枝，促进侧芽生长，这样可以在避免植株长得过高的同时，让它看上去更茂盛。

【花园应用】撒落的种子可以自播繁殖，人为用种子栽种也很容易。不论是让其通过自播自然生长，还是将其作为中等高度的植物纳入花境中都很不错。

Layia platyglossa

莱雅菊

科别 / 菊科　原产地 / 非洲北部
花期 / 5—7 月
花径 / 4 ~ 5cm
花色 /
株高 / 50 ~ 70cm
宽幅 / 20 ~ 30cm
耐寒性 /　耐阴性 /
耐热性 /　耐闷热性 /
光照需求 /
水分需求 /
繁殖方式 / 播种（春播、秋播）
栽种时期 / 2—3 月

【特征】耐寒性较强，秋季播种，次年春季开花；也可以春季播种，夏季开花。柔软的花茎直立生长，末端开着带有白边的柠檬黄色花朵，非常清爽。

【花园应用】虽然知名度不高，但不得不承认它亮眼的花朵让人过目难忘。相比人为种植，不如试着让它们随意自播生长，为花园增添几分自然野趣。

充满清凉感的蓝色品种

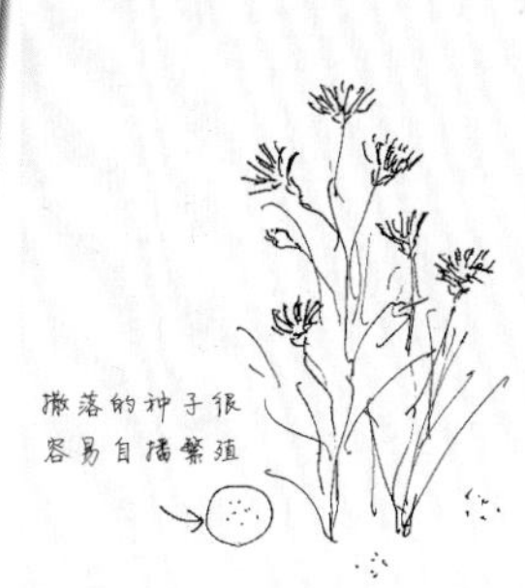

【特征】市面上出售的多为白色、蓝色、粉色的矢车菊，'黑球'则是比较少见的深色品种，它的茎、叶略泛银光，花朵呈接近黑色的紫红色，典雅迷人。虽然每年二三月市面上常有花苗出售，但秋季再种下小苗可以让植株生长得更为茂盛，花量更多。

【花园应用】有可能会出现枝条徒长、株形不饱满的问题。为了避免这种情况，秋季种下小苗时可以对主茎进行修剪，这样一来植株会在较低处生出侧枝，等到次年春季株形就会更好看。

Ipomoea quamoclit

茑萝

科别 / 旋花科　原产地 / 美洲热带地区
花期 / 7—11 月　花径 / 约 2cm
花色 /
株高 / 1 ~ 3m　宽幅 / 1 ~ 3m
耐寒性 / ●○○
耐阴性 / ●○○
耐热性 / ●●●
耐闷热性 / ●●●
光照需求 / ●●●
水分需求 / ●●●
繁殖方式 / 播种（春播）
栽种时期 / 5—6 月

【特征】茑萝是原生于热带地区的多年生攀缘草本植物，不耐寒，在非热带地区常被当作一年生植物栽培。它的叶片细软，生命力旺盛，夏、秋两季会在柔韧的藤蔓上不断绽放白色或红色的星形花朵。在温暖地区也有野生品种生长。

【花园应用】茑萝柔软纤细的叶片看上去很凉爽，将其用于垂吊景观或附着在栅栏上都很不错。可以直接用种子栽培。

Rudbeckia

金光菊

科别 / 菊科　原产地 / 北美洲
花期 / 6—10 月
花径 / 6 ~ 10cm
花色 /
株高 / 30 ~ 80cm
宽幅 / 30 ~ 80cm
耐寒性 / ●●●
耐阴性 / ●○○
耐热性 / ●●●
耐闷热性 / ●●○
光照需求 / ●●●
水分需求 / ●●○
繁殖方式 / 播种（春播）
栽种时期 / 3—5 月

【特征】既有一、二年生品种又有多年生品种，但多年生品种的寿命也不长，因此常被当作一年生植物来对待。种类繁多，株高、花形、开花方式等各不相同，耐热，不喜欢湿度大、不通风的环境。在合适的环境中建议用种子培育。

【花园应用】金光菊富于野趣，可以让夏季花园显得绚烂多彩。市面上出售的带花苗往往被控制了株高，无法展现其自然状态下的姿态。如果条件允许，建议直接用种子培育花苗。

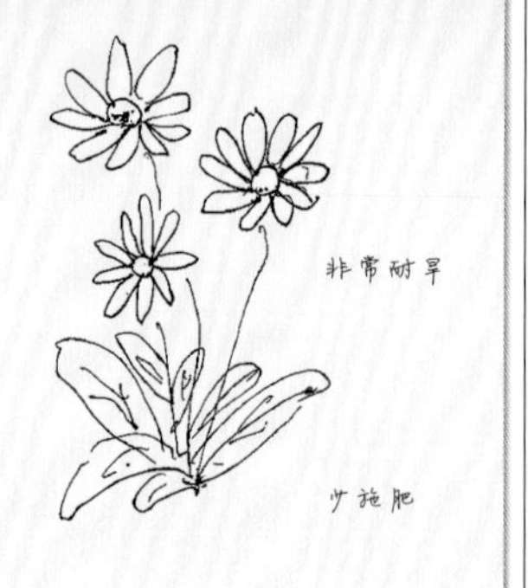

金缘金光菊‘金色风暴’

‘高尾’
‘樱桃白兰地’
‘草原阳光’

Lupinus

羽扇豆

科别 / 豆科　原产地 / 北美洲、欧洲
花期 / 4—6 月
花径 / 约 2cm
花色 /
株高 / 0.3 ~ 1.5m
宽幅 / 25 ~ 60cm
耐寒性 /
耐阴性 /
耐热性 /
耐闷热性 /
光照需求 /
水分需求 /
繁殖方式 / 播种（秋播）
栽种时期 / 2—3 月

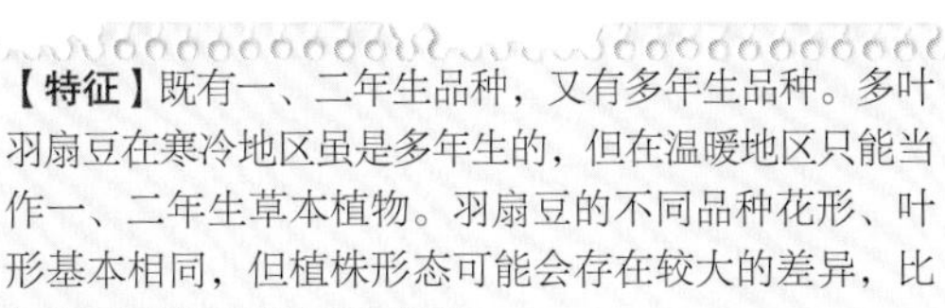

紫色与黄色相间

独特的杏色品种

多叶羽扇豆

清爽的淡黄色品种

浪漫的玫红色品种

得克萨斯羽扇豆

【特征】既有一、二年生品种，又有多年生品种。多叶羽扇豆在寒冷地区虽是多年生的，但在温暖地区只能当作一、二年生草本植物。羽扇豆的不同品种花形、叶形基本相同，但植株形态可能会存在较大的差异，比如得克萨斯羽扇豆株型低矮，而多叶羽扇豆则能长到 1.5m 高。

【花园应用】要根据不同品种的特征进行搭配和应用，多叶羽扇豆的花朵非常美，且植株较高，在花园中比较常见。如果空间足够大，可以将多株栽种在一起，让整个场景更有震撼力。

Myosotis alpestris

勿忘草

科别 / 紫草科　原产地 / 欧洲
花期 / 4—7 月
花径 / 约 0.5cm
花色 /
株高 / 30 ~ 50cm
宽幅 / 20 ~ 25cm
耐寒性 /　耐阴性 /
耐热性 /　耐闷热性 /
光照需求 /
水分需求 /
繁殖方式 / 播种（秋播）
栽种时期 / 2—3 月，10—11 月

【特征】多年生草本植物，由于不耐热，在温暖地区难以度夏，因此常被当作一年生植物栽培。清爽的蓝色小花带给人一种如梦似幻的感觉，花期能持续 4 个月。除了可爱的外观之外，可以自播繁殖的特性让它更具自然野趣。

【花园应用】适合与香雪球、风信子等植物一起栽种在花坛的前方，为春日的花坛增添几分俏皮的意味。花朵凋谢后及时剪去花茎可以促使其再度开花。

广受欢迎

39种树木的栽培笔记

树木

活用具有怀旧感的杂木，让花园别有一番风味

造园时，要提前规划好房屋、小路、树木、草本植物等元素，而挑选植物时，树木应该放在首位。当你已经确定好自己花园的风格和主题，接下来就要挑选一棵与花园主题契合的核心树木，然后再考虑如何用其他树与之搭配，树下又要种些什么……

我们的花园中栽种了许多带有怀旧感的树，这些树大多以前就很受日本人的喜爱。选择它们，一方面是因为有些新品种或花叶品种很难适应日本的气候，叶片容易被灼伤或枯萎；另一方面是因为我们希望将花园打造成怀旧风格，而这些树刚好能够奇妙地融入这个主题。

Rhododendron Belgian Azalea hybrids

西洋杜鹃

科别 / 杜鹃花科　原产地 / 欧洲

类型 / 常绿灌木

花期 / 4—5 月　花径 / 4 ~ 8cm

花色 /

株高 / 0.2 ~ 1.5m

宽幅 / 20 ~ 80cm

耐寒性 / ●●○　耐阴性 / ●●○

耐热性 / ●●●　耐闷热性 / ●●●

光照需求 / ●●●

水分需求 / ●●●

繁殖方式 / 扦插

栽种时期 / 6 月（移栽）

【特征】西洋杜鹃是原种杜鹃的改良品种，与有名的皋月杜鹃一样株型紧凑且多花，重瓣花像玫瑰一样华美。它不太耐寒，当气温降到 0℃以下时需要放进室内养护。

【花园应用】西洋杜鹃不太耐寒，不是很适合地栽，建议以盆栽的形式种植。可以作为春季组合盆栽的植材使用，为作品增添几分华美感。

我们的父亲是杜鹃育种家

30年前的独杆杜鹃至今还存活着

Hydrangea

绣球

科别 / 绣球花科
原产地 / 亚洲、北美洲
类型 / 落叶灌木
花期 / 6—9 月
萼长 / 约 20cm
萼色 /
株高 / 1 ~ 3m
宽幅 / 1 ~ 1.5m
耐寒性 /
耐阴性 /
耐热性 /
耐闷热性 /
光照需求 /
水分需求 /
繁殖方式 / 扦插、分株
栽种时期 / 4—6 月

被绿意覆盖的角落因绣球的花朵而显得明亮

圆锥绣球‘石灰灯’

花色各异的绣球放在一起显得非常繁盛

‘安娜贝拉’

冬季也可以修剪‘安娜贝拉’。花后可以欣赏它慢慢褪色的样子。

【特征】绣球的园艺品种繁多，大多以盆栽的形式在市面上售卖。它看上去像花瓣的部分其实是萼片，观赏期很长；真正的花生在萼片中间，小小的，非常不明显。

【花园应用】绣球从结花蕾到开花的过程都很有看点，开花后还会有色彩的变化。除了在花园中栽种之外，绣球还能做成鲜切花或干花，插在花瓶中观赏。

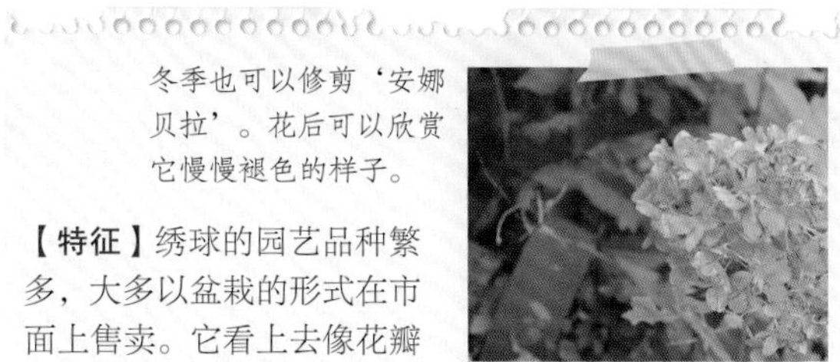

控制花芽的数量，可以让花序更大

Abelia grandiflora 'Confetti'

大花六道木'五彩纸屑'

科别 / 忍冬科　原产地 / 中国
类型 / 常绿灌木
花期 / 5—10 月　花径 / 1 ~ 2cm
花色 /
株高 / 1 ~ 2m
宽幅 / 0.8 ~ 1.5m
耐寒性 / ●●●　耐阴性 / ●●☺
耐热性 / ●●●　耐闷热性 / ●●●
光照需求 / ●●☺
水分需求 / ●●☺
繁殖方式 / 扦插
栽种时期 / 4—5 月

【特征】大花六道木是一种常用来做树篱的常绿灌木，夏、秋两季会绽放白色的小花。'五彩纸屑'是叶片上带白色斑纹的园艺品种，它于春季萌发的新芽略带粉色，非常好看！

【花园应用】'五彩纸屑'的大部分枝条都很柔韧，呈现下垂的美丽姿态，但也会有几根直立生长。这种情况下，要把这些"特立独行"的枝条修剪一下，让株形显得整齐好看。

修剪直立生长的枝条，让它保持低矮

Parthenocissus quinquefolia 'Variegata'

花叶五叶地锦

科别 / 葡萄科　原产地 / 北美洲
类型 / 落叶木质藤本
花期 / 7—8 月
花径 / 约 0.5cm
花色 /
株高、宽幅 / 因具攀缘性会不断生长
耐寒性 / ●●●　耐阴性 / ●●☺
耐热性 / ●●●　耐闷热性 / ●●☺
光照需求 / ●●☺
水分需求 / ●●●
繁殖方式 / 扦插
栽种时期 / 4—5 月

【特征】叶片呈掌状，表面生有零散的白色斑纹，给花园带来了几许清爽感。卷须上有吸盘，可以攀附着墙壁等向上生长。强烈西晒容易灼伤叶片的斑纹处，建议将其种植在半阴处。

【花园应用】小苗常作为彩叶植物用于组合盆栽或吊篮中。优雅垂落的枝条让画面更具美感。如果花园中有明亮的半阴处，也可以直接地栽。

如果有绿叶，要直接剪掉这根枝条

油橄榄的果实也具有观赏性。

Olea europaea

油橄榄

科别 / 木樨科　原产地 / 地中海沿岸地区
类型 / 常绿乔木
花期 / 5—6 月　花径 / 约 0.5cm
花色 /
株高 / 3 ~ 6m
宽幅 / 1 ~ 2m
耐寒性 / ●●●　耐阴性 / ●☺☺
耐热性 / ●●☺　耐闷热性 / ●●●
光照需求 / ●●●
水分需求 / ●●☺
繁殖方式 / 扦插
栽种时期 / 4—5 月

【特征】常绿乔木，枝叶会随风摇曳，不会显得过于笨重。春季，树枝末梢会绽放大量小花。它不能自花授粉，如果想让植株在秋季结果，需要在附近再种一棵其他品种的油橄榄。果实可以腌制成咸菜食用。

【花园应用】成株可以投下稀疏的树荫，为不耐晒的植物营造一个舒适的环境。

在枝条尚弱担壮前，要用棍子支撑

Osmanthus fragrans var. *aurantiacus*

丹桂

科别 / 木樨科　原产地 / 中国
类型 / 常绿乔木或灌木
花期 / 9—10 月　花径 / 0.5 ~ 0.8cm
花色 /　株高 / 3 ~ 6m
宽幅 / 1 ~ 3m
耐寒性 / ●●●
耐阴性 / ●●○
耐热性 / ●●●
耐闷热性 / ●●●
光照需求 / ●●●
水分需求 / ●●○
繁殖方式 / 扦插　栽种时期 / 4—5 月

【特征】丹桂在公园等地极为常见，9—10 月开色彩鲜艳的橙色小花，花香沁人心脾，就算相隔很远也能闻到。雌雄异株，雄株花后不结果。

【花园应用】丹桂非常耐修剪，修剪时可以按自己的喜好为其塑形。枝干随着时间的推移会愈发粗壮，不适合做树篱。

Vaccinium macrocarpon

蔓越莓

科别 / 杜鹃花科　原产地 / 欧洲、北美洲
类型 / 常绿木质藤本
花期 / 5—6 月
花径 / 约 1cm　花色 /
株高、宽幅 / 因具攀缘性会不断生长
耐寒性 / ●●●
耐阴性 / ●●○
耐热性 / ●●○
耐闷热性 / ●●●
光照需求 / ●●○
水分需求 / ●●●
繁殖方式 / 扦插
栽种时期 / 4—5 月，10—11 月

【特征】蔓越莓非常耐寒，据说可耐 -40℃的低温。枝条横向蔓生，五六月开粉色或白色的小花，可自花授粉，秋季果实成熟变红。野生品种一般生长在高山湿地。不耐热，喜欢排水好的土壤，果实可以做成果酱。

蔓越莓喜欢酸性土壤，可以在土里混一些泥炭土和鹿沼土

【花园应用】在砾石花园中可以让枝条从石块上自然垂落，或者将其作为地被植物栽种在半阴处。如果栽种在花盆中要注意排水。

Ampelopsis glandulosa 'Elegans'

花叶蛇葡萄

科别 / 葡萄科　原产地 / 日本
类型 / 落叶木质藤本
花期 / 5—6 月
花径 / 0.5 ~ 0.8cm
花色 /
株高、宽幅 / 因具攀缘性会不断生长
耐寒性 / ●●●　耐阴性 / ●●○
耐热性 / ●●○　耐闷热性 / ●●○
光照需求 / ●●○
水分需求 / ●●●
繁殖方式 / 扦插
栽种时期 / 4—5 月

【特征】以观叶为主的藤本植物，叶片上有好看的白色斑纹。茎呈红色，五六月开花，花不太显眼，花后会结出好看的紫色果实。果实虽不能吃，但和叶片搭配在一起能打造出极佳的视觉效果。

【花园应用】花叶蛇葡萄春季的叶色最好看，盛夏叶片上的斑纹会稍显暗淡，此时可以将它和铁线莲等夏季开花且花朵华美的植物搭配在一起。

Itea virginica

北美鼠刺

科别 / 虎耳草科　原产地 / 北美洲
类型 / 落叶灌木
花期 / 5—6 月　花径 / 约 0.5cm
花色 /
株高 / 1 ~ 1.5cm
宽幅 / 0.7 ~ 1m
耐寒性 / ●●●　耐阴性 / ●●☺
耐热性 / ●●●　耐闷热性 / ●●●
光照需求 / ●●☺
水分需求 / ●●●
繁殖方式 / 扦插
栽种时期 / 4—5 月

【特征】 北美鼠刺比普通的鼠刺矮小一些，五六月开白色的小花，花朵聚集在一起如同一支支小刷子，叶片也具有观赏性。它较为强健，养护起来比较容易。

【花园应用】 北美鼠刺在明亮的背阴处也可以开花，因此将其种在高大的树木下也是不错的选择。秋季，其叶片会变为美丽的红色，为花园更添一抹风情。

Spiraea japonica 'Lime Mound'

粉花绣线菊‘柠檬丘’

科别 / 蔷薇科　原产地 / 日本
类型 / 落叶灌木
花期 / 6—7 月
花径 / 约 0.3cm
花色 /
株高 / 30 ~ 40cm　宽幅 / 30 ~ 40cm
耐寒性 / ●●●　耐阴性 / ●●☺
耐热性 / ●●●　耐闷热性 / ●●☺
光照需求 / ●●☺
水分需求 / ●●●
繁殖方式 / 扦插
栽种时期 / 4—5 月

【特征】 粉花绣线菊的园艺品种，株型较矮，枝叶茂密。叶片呈明亮的柠檬黄色，与粉色的花朵搭配在一起非常美，秋季会染上迷人的橙色。它耐修剪，可以按自己的喜好为其塑形。

【花园应用】 可以作为彩叶植物，与生长着黑叶、深绿色叶片的植物栽种在一起，打造出强烈的对比。

Amelanchier canadensis

加拿大唐棣

科别 / 蔷薇科
原产地 / 北美洲，亚洲东部
类型 / 落叶乔木
花期 / 4—5 月　花径 / 约 3cm
花色 /
株高 / 2 ~ 5m　宽幅 / 0.8 ~ 2m
耐寒性 / ●●●　耐阴性 / ●●☺
耐热性 / ●●●　耐闷热性 / ●●●
光照需求 / ●●☺
水分需求 / ●●☺
繁殖方式 / 嫁接、扦插
栽种时期 / 2—4 月

【特征】 四五月在枝梢末端开白色花朵，花后结果。果实成熟后呈红色或紫黑色，有甜味，可以直接吃或者做成果酱。

【花园应用】 其自然的株型本来就很美，适合作为花园中的核心树木优先栽种，树下可以种一些铁筷子、牛舌草等不耐热的植物。

花开如烟雾，不同品种叶色各异。

Cotinus coggygria

黄栌

科别 / 漆树科

原产地 / 亚洲、欧洲

类型 / 落叶灌木

花期 / 5—6 月　花径 / 约 0.3cm

花色 /

株高 / 4 ~ 5m　宽幅 / 1.5 ~ 2m

耐寒性 / ●●●　耐阴性 / ●☺☺

耐热性 / ●●●　耐闷热性 / ●●●

光照需求 / ●●●

水分需求 / ●●☺

繁殖方式 / 压条、播种

栽种时期 / 3—5 月

【特征】黄栌雌雄异株，花如缥缈的烟雾一般，因此也被称为烟树。叶片呈宽椭圆形，叶色独特的品种繁多。紫叶黄栌的叶片呈紫黑色，叶缘有一圈细细的红色勾边，极具观赏性。

【花园应用】如果放任其生长，黄栌会一味长高，不长侧枝。建议在花后及时修剪枝干，促进侧枝生长，让株型显得更饱满。

梦幻般的花朵让它很适合作为花园中的代表性树木

Leucothoe axillaris

腋花木藜芦

科别 / 杜鹃花科　原产地 / 北美洲

类型 / 常绿灌木

花期 / 4—5 月　花径 / 0.5 ~ 0.8cm

花色 /

株高 / 0.3 ~ 1m

宽幅 / 30 ~ 50cm

耐寒性 / ●●●　耐阴性 / ●●☺

耐热性 / ●●●　耐闷热性 / ●●☺

光照需求 / ●●☺

水分需求 / ●●●

繁殖方式 / 扦插

栽种时期 / 3—5 月，9—10 月

【特征】枝条从基部抽生出来，呈放射状生长，叶片极具光泽，春季会盛开白色的钟形小花。红叶品种人气很高；叶片带斑纹的三色品种在市面上也有销售，受到许多园艺爱好者的追捧。

【花园应用】红叶品种具有很高的观赏价值，因其常绿的特性，冬天叶片也不会掉落，观赏期很长。可以通过修剪，将株型控制得低矮一些，甚至将其打造成地被植物。

盛夏阳光直射会导致叶片灼伤

Rosaceae pruns × yedoensis 'Somei-yoshino'

染井吉野樱

早春花园里的主角，在蓝天的映衬下格外美。

科别 / 蔷薇科

原产地 / 日本

类型 / 落叶乔木

花期 / 3—4 月　花径 / 约 3cm

花色 /

株高 / 10 ~ 15m　宽幅 / 10 ~ 15m

耐寒性 / ●●●　耐阴性 / ●●☺

耐热性 / ●●●　耐闷热性 / ●●●

光照需求 / ●●●

水分需求 / ●●☺

繁殖方式 / 嫁接、扦插

栽种时期 / 1—3 月

【特征】樱花的代表性园艺品种，对日本人来说意义独特。早春开花，在学校、公园等地都有种植。它株型较大且生长迅速，不适合空间有限的小花园。

【花园应用】可以作为花园中的核心树木栽种在小屋旁，让画面更有故事性，引人入胜。

在树荫较少的花园中，樱花树可带来一丝荫蔽

Ilex pedunculosa

具柄冬青

科别 / 冬青科
原产地 / 中国、日本
类型 / 常绿灌木或乔木
花期 / 5—6 月　花径 / 约 0.6cm
花色 /
株高 / 5 ~ 10m　宽幅 / 1.5 ~ 2m
耐寒性 / ●●●　耐阴性 / ●●☺
耐热性 / ●●●　耐闷热性 / ●●●
光照需求 / ●●☺
水分需求 / ●●☺
繁殖方式 / 扦插、播种
栽种时期 / 3—5 月，10—11 月

【特征】五、六月开白色的小花，雌雄异株，雌株结果实，秋季果实会染上红色。叶柄较长，叶片在风的吹拂下相互摩擦，发出一阵阵沙沙声，在花园中奏响动听的乐曲。

【花园应用】具柄冬青枝干生长得不密，给人一种清爽的感觉，适合与红山紫茎、野茉莉等落叶树搭配，打造杂木花园。

Euonymus oxyphyllus

垂丝卫矛

科别 / 卫矛科
原产地 / 亚洲
类型 / 落叶灌木
花期 / 5—6 月　花径 / 约 0.6cm
花色 /
株高 / 3 ~ 4m　宽幅 / 1.2 ~ 1.8m
耐寒性 / ●●●　耐阴性 / ●●☺
耐热性 / ●●●　耐闷热性 / ●●●
光照需求 / ●●●
水分需求 / ●●☺
繁殖方式 / 扦插
栽种时期 / 3—5 月，10—11 月

【特征】虽然白色的小花不太醒目，但花后结的红色果实非常引人注目。秋季，果实会开裂成四五瓣，露出中间的种子。株型较大，秋季的红叶也很美。

【花园应用】丛生的形态极具自然野趣，枝干和树叶较为稀疏，可以用来打造杂木花园。在树下种一些山野草，能让整个场景更具风情。

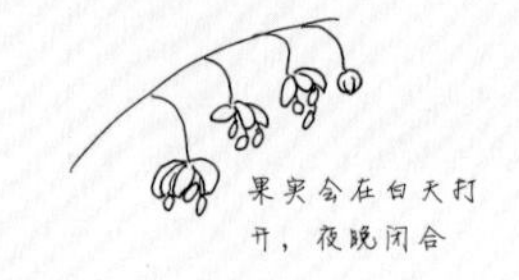

叶片上有黄色斑纹的品种‘翡翠金’。

Euonymus fortunei

扶芳藤

科别 / 卫矛科　原产地 / 亚洲东部
类型 / 常绿藤本灌木
花期 / 7 月　花径 / 约 0.5cm
花色 /
株高 / 0.3 ~ 1m
宽幅 / 30 ~ 50cm
耐寒性 / ●●●　耐阴性 / ●●☺
耐热性 / ●●●　耐闷热性 / ●●●
光照需求 / ●●☺
水分需求 / ●●☺
繁殖方式 / 扦插
栽种时期 / 3—5 月，9—11 月

【特征】扶芳藤具有攀缘性，会利用气根将枝条攀附在树木或墙上生长，春季的新叶和秋季的红叶都很好看。注意不要让它的枝条缠绕在一起。

【花园应用】扶芳藤可以作为彩叶植物应用在组合盆栽中。地栽则可作为地被植物，或者让它像爬山虎（地锦）一样沿着墙壁攀缘而上。

Parthenocissus tricuspidata

爬山虎

科别 / 葡萄科
原产地 / 亚洲
类型 / 落叶木质藤本
花期 / 4—7 月　花径 / 约 0.8cm
花色 /
株高、宽幅 / 因具攀缘性会不断生长
耐寒性 / ●●●　耐阴性 / ●●●
耐热性 / ●●●　耐闷热性 / ●●●
光照需求 / ●●☺
水分需求 / ●●☺
繁殖方式 / 扦插、播种
栽种时期 / 3—5 月，9—11 月

【特征】在中国、日本的野外均有生长，可以通过卷须后的吸盘顺着树木或墙壁攀缘而上。夏季叶片青翠茂盛，秋季叶片会逐渐变红，冬季落叶；另外也有四季常青的品种。

【花园应用】爬山虎生命力旺盛且生长速度极快，观赏它沿着墙壁攀爬的样子也很有趣。适当修剪，让新生的枝叶露出来，以便欣赏它可爱的新叶。

卷须后生有吸盘，要为其选好可以攀缘生长的地方

Robinia pseudoacacia 'Frisia'

金叶刺槐

科别 / 豆科
原产地 / 荷兰
类型 / 落叶乔木
花期 / 4 月
花径 / 约 2cm
花色 /
株高 / 约 10m　宽幅 / 约 3m
耐寒性 / ●●●　耐阴性 / ●●☺
耐热性 / ●●●　耐闷热性 / ●●●
光照需求 / ●●●
水分需求 / ●●☺
繁殖方式 / 扦插、嫁接
栽种时期 / 3—5 月

【特征】刺槐的园艺品种，柠檬黄色的柔软新叶非常好看。植株较高，但根生得比较浅，容易受到强风的侵扰。花朵像白色的紫藤花，有甜香。秋季的红叶也有很高的观赏价值。

【花园应用】生长速度快得惊人，非常适合作为花园里的核心树木栽种。强风下建议为其架一个支柱，并且在夏季将其修剪到株高的 2/3 处。

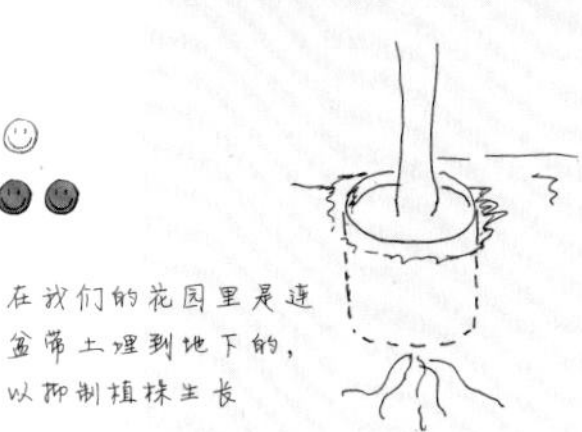

Hibiscus rosa-sinensis 'Cooperi'

锦叶扶桑

科别 / 锦葵科　原产地 / 中国
类型 / 常绿灌木
花期 / 7—10 月　花径 / 8 ~ 10cm
花色 /
株高 / 0.5 ~ 1m
宽幅 / 30 ~ 60cm
耐寒性 / ●☺☺　耐阴性 / ●●☺
耐热性 / ●●●　耐闷热性 / ●●☺
光照需求 / ●●☺
水分需求 / ●●☺
繁殖方式 / 扦插
栽种时期 / 5—6 月

【特征】虽然开花，但花朵比一般的扶桑花小一些。叶片上白色和粉色的斑纹，是主要观赏点。枝条稍下垂，四散生长。

【花园应用】主要作为彩叶植物单独种植在花盆中或者与其他植物一起制成组合盆栽。耐热，适合夏季的花坛。

Bredia hirsuta var. *scandens*

野海棠

科别 / 野牡丹科　原产地 / 日本
类型 / 常绿灌木
花期 / 7—10 月　花径 / 约 1.5cm
花色 /
株高 / 0.3m ~ 1m
宽幅 / 30 ~ 60cm
耐寒性 / ●○○　耐阴性 / ●●○
耐热性 / ●●●　耐闷热性 / ●●○
光照需求 / ●●○
水分需求 / ●●●
繁殖方式 / 扦插
栽种时期 / 5—6 月

【特征】 原产于日本的野牡丹的同类。枝条末端不断开放的花朵很小，植株也较为紧凑。市面上常以小盆栽的形式贩卖。不耐寒，不耐旱，不耐强烈的日照。需要避开西晒，注意不可断水。

【花园应用】 小苗适合用来制作组合盆栽。茎和叶都比较娇嫩，因此常被当作草花。可以栽种在半阴处的花坛。

树木

Trachelospermum jasminoides 'Flame'

花叶络石

科别 / 夹竹桃科　原产地 / 日本
类型 / 常绿木质藤本
花期 / 5—6 月　花径 / 约 2cm
花色 /
株高 / 5 ~ 10cm
宽幅 / 因具攀缘性会不断生长
耐寒性 / ●●●　耐阴性 / ●●○
耐热性 / ●●●　耐闷热性 / ●●●
光照需求 / ●●○
水分需求 / ●●○
繁殖方式 / 扦插
栽种时期 / 3—6 月，9—11 月

【特征】 络石的花叶品种，花虽有甜香，但观赏价值一般，富于变化的叶色才是主要观赏点。

【花园应用】 可以在半阴至全日照环境中作为地被植物栽种。或者任由其借助气根在墙壁上攀缘生长，作为壁面绿化植物应用。

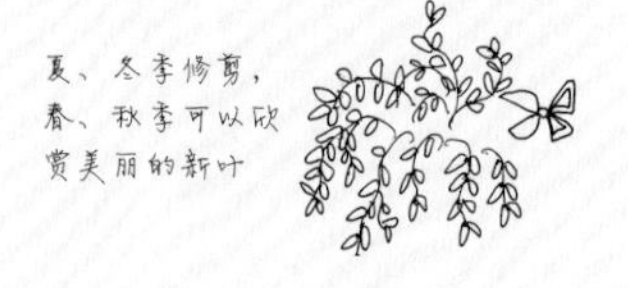

可以欣赏美丽的红叶。

Cornus florida

大花四照花

科别 / 山茱萸科　原产地 / 美国
类型 / 落叶乔木
花期 / 4—5 月　花径 / 约 0.5cm
花色 /
株高 / 8 ~ 10m
宽幅 / 5 ~ 7m
耐寒性 / ●●●　耐阴性 / ●○○
耐热性 / ●●●　耐闷热性 / ●●●
光照需求 / ●●●
水分需求 / ●●●
繁殖方式 / 扦插、嫁接
栽种时期 / 2—4 月

【特征】 四照花的大花品种，先开花，后长叶。看上去像花瓣的部分其实是它的苞片，在花朵凋谢之后也能长时间观赏。可以在冬末春初为植株稍做修剪。

【花园应用】 在日本花园中较为常见，喜欢明亮且略湿润的地方，盛夏的西晒虽然不会使其叶片枯萎，但有可能导致叶片掉落。

Rosa

月季

科别 / 蔷薇科
原产地 / 亚洲、欧洲
类型 / 落叶灌木或木质藤本
花期 / 5—6 月，10—11 月
花径 / 8 ~ 10cm
常见花色 /
株高、宽幅 / 因品种而异
耐寒性 /
耐阴性 /
耐热性 /
耐闷热性 /
光照需求 /
水分需求 /
繁殖方式 / 扦插、嫁接
栽种时期 / 12 月至次年 3 月

【特征】 月季在世界各地都有培育，据说品种总数超过 10 万。想要养好月季确实需要倾注不少心血，但是它们开花时给你带来的那种满足感也是其他植物无法比拟的。

【花园应用】 藤本月季仅需一株就可以用花朵布满一面墙，而灌木月季虽然无法用来打造壮观的花墙，但也不乏花朵美丽的品种，让人爱不释手。

月季品种繁多，有的具有攀缘性，有的直立生长

花期极长的红色藤本月季‘龙沙宝石’

藤本月季‘优胜美地瀑布’

杏粉色的‘亚伯拉罕·达比’

藤本月季‘艾伯丁’

藤本月季‘瓦尔特大叔’

Viburnum

荚蒾

科别 / 五福花科
原产地 / 亚洲、欧洲
类型 / 常绿或落叶灌木
花期 / 5 月
花径 / 0.5 ~ 2cm
花色 /
株高 / 2 ~ 3m
宽幅 / 1 ~ 1.5m
耐寒性 /
耐阴性 /
耐热性 /
耐闷热性 /
光照需求 /
水分需求 /
繁殖方式 / 扦插
栽种时期 / 2—4 月，10—11 月

树木

【特征】不同品种的株高、株型各不相同，白色或粉色的小花聚集在一起呈球形，和绣球的花有些相似，花后结果实，果实也可以观赏。落叶品种的花较大，以赏花为主；常绿品种则以果实为主要观赏对象。

【花园应用】粉团又被称为雪球荚蒾，一根枝条上会绽放好几簇花，花序直径可达 15cm，非常壮观；春末花败后，秋季还能再度开花。相比之下，地中海荚蒾的花更小更朴素，花后结的果实表面泛着金属光泽，是珍贵的鲜切花素材。

地中海荚蒾纯白的花给人一种冰清玉洁的感觉，为背阴处带来一抹亮色。

‘卡姆粉’

粉团

地中海荚蒾

Hypericum monogynum

金丝桃

科别 / 藤黄科

原产地 / 亚洲中部至地中海沿岸

类型 / 常绿或半落叶灌木

花期 / 6—7 月　花径 / 2 ~ 4cm

花色 /

株高 / 0.3 ~ 1m　宽幅 / 30 ~ 50cm

耐寒性 / ●●●　耐阴性 / ●●☺

耐热性 / ●●●　耐闷热性 / ●●●

光照需求 / ●●☺　水分需求 / ●●●

繁殖方式 / 扦插

栽种时期 / 3—5 月，9—11 月

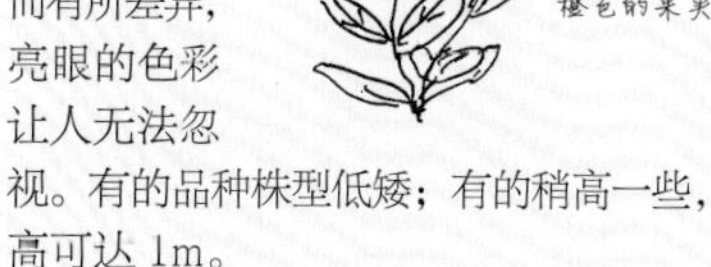

【特征】 金丝桃开黄色的花朵，花朵大小根据品种的不同而有所差异，亮眼的色彩让人无法忽视。有的品种株型低矮；有的稍高一些，高可达 1m。

【花园应用】 虽然不太耐旱，但还算强健，养护起来比较容易。彩叶品种可以作为组合盆栽的植材。

Phygelius aequalis

南非避日花

科别 / 玄参科　原产地 / 南非

类型 / 常绿灌木

花期 / 5—10 月　花径 / 约 1cm

花色 /

株高 / 40 ~ 60cm

宽幅 / 30 ~ 40cm

耐寒性 / ●●☺　耐阴性 / ●●☺

耐热性 / ●●●　耐闷热性 / ●●☺

光照需求 / ●●☺

水分需求 / ●●☺

繁殖方式 / 扦插

栽种时期 / 4—5 月

【特征】 南非避日花虽然原产于南非，但可耐 −10℃的低温，适合地栽。花朵呈管状，低垂绽放，末端展开为星形，形态非常独特。

【花园应用】 适合种植在花坛的边缘，或者沿着园中小路栽种，充分展现其优美的姿态。如果环境适宜，它的根茎会在地下不断蔓延，可能会影响其他植物的生长。

枝条末端像毛球一样的花序点亮了整个画面。

Physocarpus opulifolius 'Diabolo'

紫叶风箱果‘空竹’

科别 / 蔷薇科　原产地 / 北美洲

类型 / 落叶灌木　花期 / 5—6 月

花径 / 约 0.8cm

花色 /

株高 / 1.5 ~ 2m

宽幅 / 1 ~ 1.5m

耐寒性 / ●●●　耐阴性 / ●☺☺

耐热性 / ●●●　耐闷热性 / ●●●

光照需求 / ●●●

水分需求 / ●●●

繁殖方式 / 扦插

栽种时期 / 2—4 月，9—11 月

【特征】 白色的花朵聚集成一个个花团，与绣线菊有些相似，搭配雅致的紫黑色叶片非常美丽，受到许多园艺爱好者的喜爱。花后结的橙色果实也很好看。一般来说，成株最高不会超过 2m，管理起来很方便。

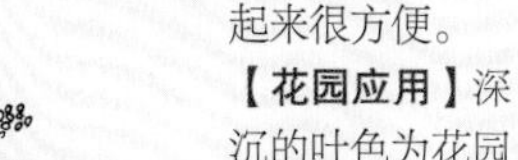

【花园应用】 深沉的叶色为花园营造出沉稳、安谧的氛围，可以与色调明亮的叶片搭配在一起，形成鲜明的对比。

Buddleja

醉鱼草

科别 / 玄参科　原产地 / 中国
类型 / 半落叶灌木
花期 / 6—11 月　花径 / 约 0.5cm
花色 /
株高 / 2 ~ 3m
宽幅 / 1 ~ 1.5m
耐寒性 / ●●●　耐阴性 / ●○○
耐热性 / ●●●　耐闷热性 / ●●○
光照需求 / ●●●
水分需求 / ●●○
繁殖方式 / 扦插
栽种时期 / 4—6 月

【特征】生长速度快，花期长，会不断长出花穗，花朵带有甜香，常在花园中招蜂引蝶，带来一派极具自然意趣的景象。耐热但是不太耐湿，喜干燥环境。

【花园应用】枝条杂乱，建议定期修剪过长的枝条，让株型更好看。根粗壮，成株不易移栽，造园前要规划好种植地点。

Rubus fruticosus

黑莓

科别 / 蔷薇科　原产地 / 北美洲
类型 / 落叶攀缘灌木
花期 / 4—5 月
花径 / 约 3cm
花色 /
株高、宽幅 / 5m 以上
耐寒性 / ●●●　耐阴性 / ●○○
耐热性 / ●●●　耐闷热性 / ●●●
光照需求 / ●●●
水分需求 / ●●●
繁殖方式 / 扦插
栽种时期 / 2—3 月，10—11 月

【特征】黑莓是一种适合在家中栽培的果树，四五月开白色或淡粉色的花朵，自花授粉，花后结果。当果实从红色变成有光泽的紫黑色时就代表已经成熟了，除了生吃以外，还可以做成果酱。养护过程中要注意防治病虫害。

【花园应用】可以将不断生长的枝条牵引到栅栏上。外形饱满的可爱果实很有观赏价值，让人忍不住想尝尝它是否如看上去那般香甜。

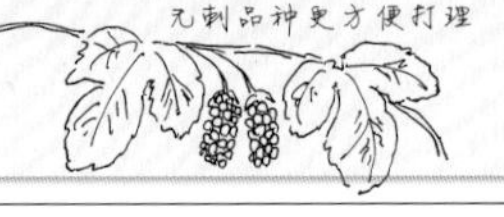

Vaccinium corymbosum

高丛蓝莓

科别 / 杜鹃花科　原产地 / 北美洲
类型 / 落叶灌木
花期 / 4—5 月　花径 / 约 1cm
花色 /
株高 / 2 ~ 3m
宽幅 / 1 ~ 1.5m
耐寒性 / ●●●　耐阴性 / ●○○
耐热性 / ●●○　耐闷热性 / ●●●
光照需求 / ●●●
水分需求 / ●●●
繁殖方式 / 扦插
栽种时期 / 2—3 月，10—11 月

【特征】高丛蓝莓与普通蓝莓相比观赏性更佳。春季单根枝条上会生长 10 余朵白色的壶形小花，夏季结出蓝紫色的果实。它喜酸性土壤，可以在地里加入一些泥炭土和鹿沼土混合在一起。不易受到病虫害的侵扰，养护起来比较简单。

【花园应用】花、叶、果都有观赏价值，观赏期很长。株形富于野趣，可以与高大的乔木搭配，展现自然风情。

Parthenocissus henryana

花叶地锦

科别 / 葡萄科　原产地 / 中国
类型 / 落叶木质藤本
花期 / 5—6 月
花径 / 约 0.5cm
花色 /
株高、宽幅 / 3 ~ 6m
耐寒性 / ●●●　耐阴性 / ●●☺
耐热性 / ●●●　耐闷热性 / ●●●
光照需求 / ●●☺
水分需求 / ●●●
繁殖方式 / 扦插
栽种时期 / 4—5 月，9—11 月

【特征】花叶地锦绿色的叶片上生有白色的叶脉。如果栽种在半阴处，叶脉的花纹会更加明显；倘若所处环境日照太强烈，花纹会完全消失，让植株变成普通五叶地锦的样子。秋季可以欣赏它好看的红叶。

【花园应用】地栽的花叶地锦生长迅速，枝条会快速伸展开来，但由于其吸盘的吸附力不强，需要人为将它的枝条牵引到栅栏等处，让场景显得清新脱俗。

Hamamelis japonica

日本金缕梅

科别 / 金缕梅科　原产地 / 日本
类型 / 落叶小乔木
花期 / 2—3 月　花径 / 3 ~ 4cm
花色 /
株高 / 5 ~ 6m
宽幅 / 2 ~ 3m
耐寒性 / ●●●　耐阴性 / ●●☺
耐热性 / ●●●　耐闷热性 / ●●●
光照需求 / ●●●
水分需求 / ●●●
繁殖方式 / 扦插、播种
栽种时期 / 2—3 月，10—11 月

【特征】金缕梅的花朵呈鲜艳的黄色，花瓣如缕，轻盈婀娜，远看与蜡梅有些相似，因而得名。日本金缕梅花期与普通的金缕梅相比有所提前，春季比其他花木更早开花，是日本常见的报春花。

【花园应用】自古以来就在日本各处多有栽种，带有浓浓的怀旧感。将它纳入花园中，在点亮场景的同时，还能营造出几分复古的意味。

Edgeworthia chrysantha

结香

科别 / 瑞香科　原产地 / 中国
类型 / 落叶灌木
花期 / 3—4 月　花径 / 约 0.8cm
花色 /
株高 / 1 ~ 2m
宽幅 / 1 ~ 2m
耐寒性 / ●●●　耐阴性 / ●☺☺
耐热性 / ●●●　耐闷热性 / ●●●
光照需求 / ●●●
水分需求 / ●●☺
繁殖方式 / 扦插、播种
栽种时期 / 2—3 月，10—11 月

【特征】先开花后长叶，30 ~ 50 朵花结成下垂的绒球，形态非常独特。花朵呈黄色，具有芳香。
【花园应用】不仅花美，在落叶期还能观赏它的枝条。可以将其打造成有趣的球形，并在旁边栽种一些稍矮的植物，以衬托它美妙的株型，中间再加上一些草花让画面更具野趣。

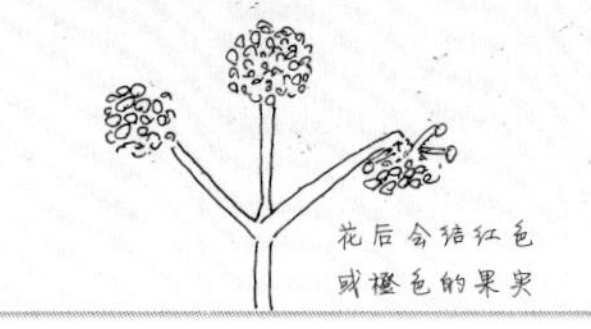

Callicarpa japonica

日本紫珠

科别 / 马鞭草科
原产地 / 日本
类型 / 落叶或常绿灌木
花期 / 6—7 月
花径 / 0.3 ~ 0.5cm
花色 /
株高 / 1 ~ 1.5m
宽幅 / 0.8 ~ 1.2m
耐寒性 / ●●●　耐阴性 / ●●☺
耐热性 / ●●●　耐闷热性 / ●●●
光照需求 / ●●☺
水分需求 / ●●●
繁殖方式 / 扦插、播种
栽种时期 / 3—4 月，10—11 月

【特征】紫珠属植物的果实都很相似，但株型等特性会有差异。日本紫珠除了结紫色果实的品种外，还有一种结白色果实的，也非常好看。小紫珠株型紧凑，叶片和花都生得很密集。杜虹花则是原产于中国的常绿紫珠属植物，它虽然可以结很多果实，但耐寒性不太强。

【花园应用】秋季把枝条压弯，可以给花园带来一些日式庭院的感觉。将它与花期相同的芒草和秋牡丹组合在一起，三者相映成趣。

小紫珠（白棠子树）

白紫珠
杜虹花

Berberis thunbergii

日本小檗

上方为紫叶品种，下方为金叶品种。

科别 / 小檗科　原产地 / 日本
类型 / 落叶灌木
花期 / 4—5 月　花径 / 约 1cm
花色 /
株高 / 1.5 ~ 2m
宽幅 / 30 ~ 50cm
耐寒性 / ●●●　耐阴性 / ●☺☺
耐热性 / ●●●　耐闷热性 / ●●☺
光照需求 / ●●●
水分需求 / ●●●
繁殖方式 / 扦插
栽种时期 / 3—5 月，9—11 月

【特征】枝条丛生，带刺。2 ~ 5 朵黄色的小花排列成伞形花序，花后结果。除了普通的绿叶品种外，还有不少叶色独特的品种，比如金叶的和紫叶的，在许多国家都很受欢迎。

【花园应用】其枝条自然伸展的姿态优美动人，可以种在花坛的中心。可把金叶品种和紫叶品种种在一起，通过不同的株高来突出对比，叶色的巨大差异让画面的冲击感更为强烈。

Rosa banksiae

木香花

科别 / 蔷薇科　原产地 / 中国
类型 / 常绿攀缘灌木
花期 / 4—5 月
花径 / 2 ~ 3cm
花色 /
株高、宽幅 / 3 ~ 5m
耐寒性 / ●●●　耐阴性 / ●☺☺
耐热性 / ●●●　耐闷热性 / ●●●
光照需求 / ●●●
水分需求 / ●●☺
繁殖方式 / 扦插
栽种时期 / 3—5 月，9—11 月

【特征】分为黄木香和白木香两种，既有单瓣的又有重瓣的。重瓣黄木香比较强健，花朵会连续不断地开放，花量大，但香味很淡；相比之下，白木香和单瓣黄木香的香味更为浓郁一些。

【花园应用】可以通过牵引，让枝条在高处攀爬一段距离后，任由枝梢自然下垂至视线高度，为空间赋予一些动感。

Lantana camara

马缨丹

科别 / 马鞭草科
原产地 / 全球热带地区
类型 / 常绿或落叶灌木
花期 / 5—10 月　花径 / 0.6 ~ 1cm
花色 /
株高 / 30 ~ 80cm
宽幅 / 30 ~ 60cm
耐寒性 / ●●☺　耐阴性 / ●☺☺
耐热性 / ●●●　耐闷热性 / ●●☺
光照需求 / ●●●
水分需求 / ●●●
繁殖方式 / 扦插、播种
栽种时期 / 5—6 月

【特征】马缨丹又叫五色梅，耐强烈日照，花色会随着时间的推移而变化，非常奇特。另外还有一种花和叶都更小的品种。它耐酷暑，但不太耐寒，冬季要注意防寒。

如果种植在房屋避风的一侧，可能可以在室外过冬

【花园应用】花期很长，适合制作组合盆栽或者用于花园造景。枝条有时会显得杂乱无章，可以通过修剪控制株高和株形。

Lonicera Ligustrina 'Lemon Beauty'

亮叶忍冬‘柠檬美人’

科别 / 忍冬科　原产地 / 北半球温带地区
类型 / 常绿灌木
花期 / 5—6 月　花径 / 约 0.5cm
花色 /
株高 / 60 ~ 80cm
宽幅 / 60 ~ 80cm
耐寒性 / ●●●　耐阴性 / ●●☺
耐热性 / ●●●　耐闷热性 / ●●☺
光照需求 / ●●●
水分需求 / ●●☺
繁殖方式 / 扦插
栽种时期 / 3—5 月，9—11 月

【特征】忍冬属植物种类繁多，既有观花的藤本，又有观叶的灌木，叶片带有柠檬黄色花边的‘柠檬美人’就是一种颇具人气的观叶品种。它耐修剪，可用作树篱。

【花园应用】‘柠檬美人’个头不高，可以将其修剪得更为低矮，当作地被植物栽培，或者按自己的喜好为其塑形。

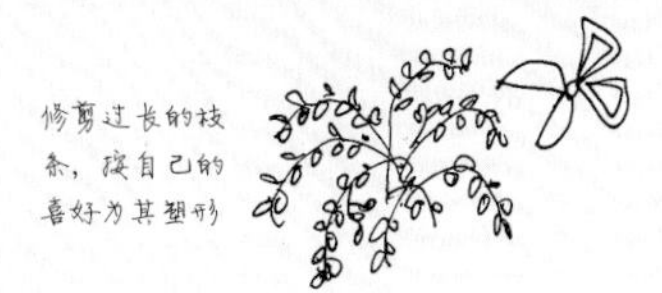

PLANTS MEMO

极具人气

24种地被植物的栽培笔记

地被植物

地被植物

虽然是配角，但也能影响花园的整体印象，根据花园的主题风格仔细挑选吧！

这里所说的地被植物包括枝条横向蔓延生长并逐渐覆盖地面的植物，以及适合种在树脚下的植物等。地被植物虽然是花园里的配角，但在空间宽广的场景中，这些大面积覆盖在地面或者栽种在地砖、枕木等空隙处的植物，能让景观的完成度大幅提高。正因如此，正确地挑选地被植物非常重要。是喜光照的还是耐阴的，是观叶的还是观花的，是紧贴地面的还是略显蓬松的，叶片是什么颜色的……这些问题都需要确认。我们根据花园中不同区域的环境条件挑选了一些合适的地被植物，并对它们的特征等进行了记录。收录于这本书的植物大多很强健，易于栽培，但这也意味着它们有可能会过度生长。在造园的过程中，根据每种植物的特性进行有针对性的维护是让美景更为持久的关键。

Bro.Kuroda

左图为‘白雪姬’，右上图为‘星光’，右下图为‘金娃娃’。

Hedera helix

洋常春藤

科别 / 五加科
原产地 / 非洲、欧洲、亚洲
类型 / 常绿藤本
花期 / 10—11 月　花径 / 约 0.8m
花色 /　株高 / 10 ~ 20cm
宽幅 / 可不断延伸
耐寒性 / ●●●　耐阴性 / ●●○
耐热性 / ●●●　耐闷热性 / ●●○
光照需求 / ●●○　水分需求 / ●●○
繁殖方式 / 扦插
栽种时期 / 3—6 月，9—11 月

【特征】洋常春藤有六七百个园艺品种，叶色和叶形非常丰富，常绿的叶片在冬季也能欣赏。易于栽培，几乎在任何光照条件下都能生长，在大多数场景都可以栽种。

【花园应用】常春藤除了用作地被植物和组合盆栽的素材之外，它的茎还能借气根在墙壁上攀爬，在花园里造出一面绿植墙。

Ajuga reptans

匍匐筋骨草

科别 / 唇形科
原产地 / 美国
类型 / 常绿宿根植物
花期 / 4—5 月
花径 / 0.5 ~ 1cm
花色 /
株高 / 10 ~ 30m
宽幅 / 20 ~ 30cm
耐寒性 /　耐阴性 /
耐热性 /　耐闷热性 /
光照需求 /　水分需求 /
繁殖方式 / 分株、扦插
栽种时期 / 3—5 月，10—11 月

【特征】叶片呈莲座状生长，晚春至初夏生出紫色或粉色的花穗，茎匍匐生长，适合有全日照至半阴条件的通风处，有花叶和铜叶品种，观赏价值很高。

【花园应用】无论什么风格的花园都可以很好地融入进去。叶色低调，适合与颜色鲜艳的地被植物搭配，形成对比。

Erigeron karvinskianus ‘Profusion’

加勒比飞蓬

科别 / 菊科
原产地 / 北美洲
类型 / 落叶宿根植物
花期 / 4—11 月
花径 / 约 1cm
花色 /
株高 / 15 ~ 40m
宽幅 / 30 ~ 50cm
耐寒性 /　耐阴性 /
耐热性 /　耐闷热性 /
光照需求 /　水分需求 /
繁殖方式 / 扦插、播种
栽种时期 / 3—4 月，9—11 月

【特征】又称墨西哥飞蓬，直径 1cm 左右的小花不断开放，花朵刚刚绽放时为白色，之后会逐渐变为粉色，花期中后期可以欣赏到两种颜色的花，非常奇妙。植株强健，基本不需要打理。

【花园应用】适合种在花坛的前方，野菊花一般的姿态让它与自然风格的花园很搭。

Thymus serpyllum

铺地百里香

科别 / 唇形科
原产地 / 欧洲、亚洲、非洲
类型 / 常绿灌木
花期 / 6—7 月
花径 / 约 0.2cm
花色 /
株高 / 10 ~ 20cm
宽幅 / 可不断延伸
耐寒性 /　耐阴性 /
耐热性 /　耐闷热性 /
光照需求 /　水分需求 /
繁殖方式 / 扦插
栽种时期 / 3—5 月

【特征】铺地百里香是一种以观花为主的香草，香味不浓郁。枝条匍匐生长，会不断伸展扩张，花期仿佛为地面铺上了粉色的花毯，非常好看。耐寒，不耐高温高湿，养护时要注意加强环境的通风性。

【花园应用】不仅可以用于花坛，还能种在地砖和枕木间，野趣十足。

Glechoma hederacea

欧活血丹

科别 / 唇形科
原产地 / 亚洲、欧洲
类型 / 常绿宿根植物
花期 / 4—5 月
花径 / 约 1cm
花色 /
株高 / 5 ~ 10cm
宽幅 / 可不断延伸
耐寒性 /　耐阴性 /
耐热性 /　耐闷热性 /
光照需求 /　水分需求 /
繁殖方式 / 分株、扦插　栽种时期 / 3—5 月，9—11 月

【特征】心形叶片边缘带有粗圆齿，白色的斑纹会在低温环境中变为粉色。茎匍匐蔓延生长，紧挨土壤时可在枝节生根，从而不断繁殖。皮实好养，在全日照至半阴环境中皆可生长。

【花园应用】欧活血丹生命力旺盛，非常适合作为地被植物，但有时会过度繁殖，在养护过程中需要根据实际情况进行管理。

Ophiopogon planiscapus 'Nigrescens'

黑麦冬

科别 / 百合科
原产地 / 日本
类型 / 常绿宿根植物
花期 / 6—8 月
花径 / 约 0.6cm
花色 /
株高 / 10 ~ 20cm
宽幅 / 40 ~ 50cm
耐寒性 / ☻☻☻ 耐阴性 / ☻☻☺
耐热性 / ☻☻☺ 耐闷热性 / ☻☻☻
光照需求 / ☻☻☺ 水分需求 / ☻☻☺
繁殖方式 / 分株
栽种时期 / 3—5 月，9—11 月

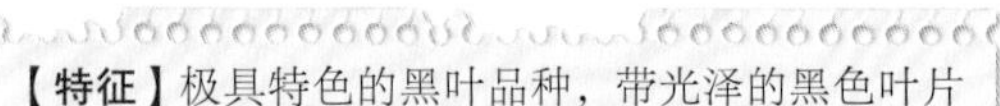

【特征】极具特色的黑叶品种，带光泽的黑色叶片和淡紫色的花形成的对比非常迷人，花后会结出小小的果实。耐寒，生性强健，生长速度缓慢。

【花园应用】想用生长速度缓慢的黑麦冬覆盖一大块地面着实有些困难，但可以将它作为彩叶植物种植在其他地被植物之间，为画面打造亮点。

Cymbalaria muralis

蔓柳穿鱼

科别 / 玄参科
原产地 / 欧洲
类型 / 常绿宿根植物
花期 / 4—9 月
花径 / 0.5 ~ 0.7cm
花色 /
株高 / 5 ~ 10cm
宽幅 / 可不断延伸
耐寒性 / ☻☻☻ 耐阴性 / ☻☻☺
耐热性 / ☻☻☻ 耐闷热性 / ☻☻☺
光照需求 / ☻☻☺ 水分需求 / ☻☻☻
繁殖方式 / 分株、扦插、播种
栽种时期 / 3—5 月

【特征】蔓柳穿鱼非常耐寒，耐阴性也很不错，是比较强健的植物。生命力旺盛，枝条会不断蔓延生长，淡紫色的小花十分可爱。

【花园应用】适合栽种在半阴处或者树荫下，可以作为陪衬种植在花叶玉簪和矾根的旁边。

Sedum hispanicum

薄雪万年草

科别 / 景天科
原产地 / 世界各地
类型 / 常绿宿根植物
花期 / 5—7 月
花径 / 约 0.5cm
花色 /
株高 / 5 ~ 15cm
宽幅 / 约 30cm
耐寒性 / ☻☻☻ 耐阴性 / ☻☺☺
耐热性 / ☻☻☺ 耐闷热性 / ☻☺☺
光照需求 / ☻☻☻ 水分需求 / ☻☺☺
繁殖方式 / 分株、扦插
栽种时期 / 3—5 月，10—11 月

【特征】景天属植物，在野外也有生长，耐旱，不耐高温高湿，喜欢通风良好的环境，在极其闷热的环境中可能无法生存。

【花园应用】在地砖的空隙间和角落里常常可以看到薄雪万年草的身影，它们大多是那些被风吹断的枝条掉落到土里后又自己生根而成的。借这个机会观察它们自然生长的姿态也非常有趣。

Viola banksii

熊猫堇

科别 / 堇菜科
原产地 / 澳大利亚
类型 / 常绿或落叶宿根植物
花期 / 3—11 月
花径 / 约 1cm
花色 /
株高 / 10 ~ 15cm
宽幅 / 可不断延伸
耐寒性 / ☻☻☻ 耐阴性 / ☻☻☺
耐热性 / ☻☻☺ 耐闷热性 / ☻☻☻
光照需求 / ☻☻☻ 水分需求 / ☻☻☺
繁殖方式 / 扦插、分株
栽种时期 / 3—4 月

【特征】枝条蔓延生长，在冬季没有降雪的地区可以保持四季常青，否则会落叶；夏季不耐西晒。只要最低温不低于 5℃就可以终年花开不断，成片开花时非常壮观。

【花园应用】适合栽种在明亮的半阴处或者树荫下，蓝紫色和白色相间的花朵为画面增添了几分清新之感。

Scutellaria indica var. *parvifolia*

小叶韩信草

科别 / 唇形科
原产地 / 中国、日本、朝鲜、印度尼西亚
类型 / 常绿宿根植物
花期 / 4—5 月　花径 / 约 0.5cm
花色 /
株高 / 5 ~ 15cm
宽幅 / 20 ~ 30cm
耐寒性 / ☻☻☻　耐阴性 / ☻☻☺
耐热性 / ☻☻☻　耐闷热性 / ☻☻☺
光照需求 / ☻☻☻　水分需求 / ☻☻☺
繁殖方式 / 分株、扦插、播种
栽种时期 / 2—3 月，9—10 月

【特征】根茎短，向下生出簇生的纤维状根，茎干多分枝，管状的小花数朵排列成总状花序，花冠带斑点，外形独特。

【花园应用】在小路两侧栽种几株就能为花园增添几分自然野趣。如果将花色不同的品种栽种在一起，可能会结出自然杂交后生成的种子，让来年春季充满惊喜。

Vinca major

蔓长春花

科别 / 夹竹桃科
原产地 / 欧洲
类型 / 常绿宿根植物
花期 / 4—6 月　花径 / 3 ~ 4cm
花色 /
株高 / 10 ~ 30cm
宽幅 / 可不断延伸
耐寒性 / ☻☻☻　耐阴性 / ☻☻☺
耐热性 / ☻☻☻　耐闷热性 / ☻☻☻
光照需求 / ☻☻☺　水分需求 / ☻☻☺
繁殖方式 / 分株、扦插
栽种时期 / 3—6 月，9—10 月

蔓长春花的花叶品种。

【特征】茎可达 30cm，春季开蓝紫色的花朵。叶片呈卵形，花叶品种的叶片上有柠檬黄色的斑纹。另外还有一种叶片和花都更小一些的品种，观赏性也很不错。

【花园应用】叶片较大，枝条较长，可以种植在高位花坛中任由枝叶自然垂坠。由于它的叶片生得比较密集，作为地被植物栽种时会显得非常茂密，营造出生机盎然的景象。

Polygonum capitatum

头花蓼

科别 / 蓼科
原产地 / 亚洲
耐寒 / 落叶宿根植物
花期 / 7—11 月
花径 / 约 1cm
花色 /
株高 / 5 ~ 10cm
宽幅 / 不断延伸
耐寒性 / ☻☻☻　耐阴性 / ☻☻☺
耐热性 / ☻☻☻　耐闷热性 / ☻☻☺
光照需求 / ☻☻☻　水分需求 / ☻☻☺
繁殖方式 / 分株、播种
栽种时期 / 4—6 月

【特征】在石缝间也可以生根发芽，非常强健。夏、秋两季绽放状如金平糖的粉色小花，与颜色深沉的叶片形成强烈对比。

【花园应用】如果任由其枝条蔓延生长，可能会让它看起来像杂草，建议通过修剪控制株形。小苗可以种在花盆里观赏。

Oenanthe javanica ‘Flamingo’

彩叶水芹‘火烈鸟’

科别 / 伞形科
原产地 / 日本
类型 / 落叶宿根植物
花期 / 7—8 月
花径 / 约 0.2cm
花色 /
株高 / 10 ~ 30cm
宽幅 / 40 ~ 50cm
耐寒性 / ☻☻☻　耐阴性 / ☻☻☺
耐热性 / ☻☻☻　耐闷热性 / ☻☻☻
光照需求 / ☻☻☺　水分需求 / ☻☻☻
繁殖方式 / 分株、播种
栽种时期 / 3—5 月

【特征】喜欢湿润的半阴处，叶片边缘带有粉色的花纹，极其吸引眼球。茎干会不断从基部抽生出来，呈放射状生长。过于强烈的日照会灼伤它的叶片，要注意防范。

【花园应用】与叶色和叶形各不相同的矾根、玉簪、橐吾等植物组合栽种可以让景观更富于变化，各种植物的叶片相互衬托，让背阴处显得生动起来。

Pachysandra terminalis 'Variegata'

花叶富贵草

科别 / 黄杨科
原产地 / 中国、日本
类型 / 常绿亚灌木
花期 / 4—5 月
花径 / 约 0.5cm
花色 /
株高 / 20 ~ 30cm
宽幅 / 20 ~ 30cm
耐寒性 / ●●● 耐阴性 / ●●●
耐热性 / ●●○ 耐闷热性 / ●●○
光照需求 / ●●○ 水分需求 / ●●○
繁殖方式 / 分株、扦插
栽种时期 / 3—4 月，10—11 月

【特征】在其他植物难以生长的北向背阴处也能生长，生性强健。根茎生长快速，株高可达 30cm，叶片有光泽，花朵虽不起眼但也很可爱。

【花园应用】可以种在树荫下，但枝条蔓延的能力有限。将它与其他颜色、形态不同的地被植物搭配在一起能让场景看上去更丰富。

Mentha pulegium

普列薄荷（唇萼薄荷）

科别 / 唇形科
原产地 / 欧洲南部
类型 / 落叶宿根植物
花期 / 5—6 月
花径 / 约 0.2cm
花色 /
株高 / 10 ~ 30cm
宽幅 / 30 ~ 50cm
耐寒性 / ●●○ 耐阴性 / ●●○
耐热性 / ●●● 耐闷热性 / ●●○
光照需求 / ●●● 水分需求 / ●●○
繁殖方式 / 分株、播种 栽种时期 / 3—4 月

【特征】地下枝具鳞叶，节上生根。茎直立或匍匐生长。10 ~ 30 朵紫色小花在枝节上排列成轮伞花序，一层层开放，极具观赏性。冬季有被冻伤的可能性，建议用落叶覆盖在植株基部以助其顺利过冬。

【花园应用】普列薄荷有芳香，可将其栽种在枕木或地砖间，让观赏者伴着清爽的薄荷香味游园，增强了园中漫步的趣味性。

Houttuynia cordata 'Flore Plena'

重瓣鱼腥草

科别 / 三白草科
原产地 / 中国、日本
类型 / 落叶宿根植物
花期 / 6—7 月
花径 / 2 ~ 3cm
花色 /
株高 / 20 ~ 50cm
宽幅 / 可不断延伸
耐寒性 / ●●● 耐阴性 / ●●○
耐热性 / ●●● 耐闷热性 / ●●○
光照需求 / ●●○ 水分需求 / ●●●
繁殖方式 / 分株
栽种时期 / 3—5 月，9—11 月

【特征】常见中药鱼腥草的重瓣品种，喜欢湿润且略阴凉的环境，带有强烈的气味。看上去像白色花瓣的部分实际上是苞片，真正的花是苞片中心淡黄色的部分。

【花园应用】生命力旺盛，如果放任不管很可能导致它过度繁殖，建议将其种在花坛等处的边缘，限制其根茎的生长，以控制株形。适合用于制作组合盆栽。

Liriope muscari

阔叶山麦冬

科别 / 百合科 原产地 / 亚洲
类型 / 常绿宿根植物
花期 / 8—10 月
花径 / 约 0.5cm
花色 /
株高 / 约 40cm
宽幅 / 约 30cm
耐寒性 / ●●○ 耐阴性 / ●●●
耐热性 / ●●● 耐闷热性 / ●●●
光照需求 / ●●○ 水分需求 / ●●○
繁殖方式 / 分株
栽种时期 / 3—5 月，9—10 月

【特征】在野外也时有生长的耐阴植物，生命力顽强，叶片带有金边的品种更常见一些。可爱的小花在夏、秋两季形成直立的花穗，看点十足；在非花期则可以将其看作观叶的地被植物，用来衬托其他开花植物的娇态。

【花园应用】非常适合耐阴花园，既能用作地被植物铺满地面，也可以作为亮点用来造景。在篱笆旁成排栽种效果很不错。

Saxifraga stolonifera

虎耳草

科别 / 虎耳草科
原产地 / 中国、日本
类型 / 常绿宿根植物
花期 / 5—6 月
花径 / 约 2cm
花色 /
株高 / 30 ~ 50cm
宽幅 / 可不断伸展
耐寒性 / ●●●　耐阴性 / ●●●
耐热性 / ●●○　耐闷热性 / ●●○
光照需求 / ●●○　水分需求 / ●●●
繁殖方式 / 分株
栽种时期 / 2—3 月，9—10 月

【特征】在野外多生长于溪边岩石旁等潮湿的半阴处，耐寒，五六月绽放小花，花瓣 5 枚，其中 3 枚较短，看起来像一个“大”字。花朵总体呈白色，中上部有紫红色的斑点，基部有黄色斑点。

【花园应用】清新的叶片生长密集，在非花期也可以观赏。适合与铁筷子、夏枯草搭配。

Lamium maculatum 'Sterling Silver'

紫花野芝麻‘纯银’

科别 / 唇形科
原产地 / 欧洲
类型 / 常绿宿根植物
花期 / 5—7 月
花径 / 1 ~ 1.5cm
花色 /
株高 / 15 ~ 20cm
宽幅 / 20~30cm

耐寒性 / ●●●　耐阴性 / ●●○
耐热性 / ●●○　耐闷热性 / ●●○
光照需求 / ●●●　水分需求 / ●●●
繁殖方式 / 分株、扦插
栽种时期 / 2—3 月，10—11 月

【特征】喜欢潮湿的半阴处，要注意夏季避开强烈的日照。叶片上银色和柠檬黄色的斑纹让人印象深刻，花朵呈温柔的粉色或白色。

【花园应用】明亮的叶色和柔美的花色，让半阴处也变得明媚动人。株型紧凑，适合作为景观中的焦点，营造出素雅的氛围；也可以用于组合盆栽。

Phyla canescens

姬岩垂草

科别 / 马鞭草科
原产地 / 南美洲
类型 / 落叶宿根植物
花期 / 6—10 月
花径 / 约 1.5cm
花色 /
株高 / 10 ~ 15cm
宽幅 / 可不断延伸

耐寒性 / ●●●　耐阴性 / ●○○
耐热性 / ●●●　耐闷热性 / ●●●
光照需求 / ●●●　水分需求 / ●●○
繁殖方式 / 分株、扦插　栽种时期 / 2—5 月，9—11 月

【特征】生命力旺盛，枝条不断伸展，白色的小花略带粉色，花期从 6 月一直持续到 10 月。冬季地上部分枯萎，春季再抽生新芽。

【花园应用】娇小的叶片和花朵十分可爱，成片栽种可以打造出壮观的花毯。将它栽种在枕木或地砖周围，并修剪得低矮一些，让它们刚刚露出头来，点缀在花园小道的罅隙间，意趣盎然。

Rubus parvifolius 'Sunshine Spreader'

茅莓‘播散阳光’

科别 / 蔷薇科
原产地 / 日本
类型 / 常绿灌木
花期 / 5—6 月
花径 / 约 2cm
花色 /
株高 / 20 ~ 30cm
宽幅 / 70 ~ 80cm
耐寒性 / ●●●　耐阴性 / ●●○
耐热性 / ●●●　耐闷热性 / ●●●
光照需求 / ●●●　水分需求 / ●●○
繁殖方式 / 分株、扦插　栽种时期 / 3—5 月，9—11 月

【特征】原产于日本的金叶品种，全年都能保持美丽的叶色。枝条上有刺，五六月绽放粉色的小花，秋季结红色的果实。

【花园应用】美丽的金叶让整个画面显得清新而明媚，和紫红色、深绿色的叶片搭配，通过色彩的对比让景观更有纵深感。枝条较长，可作为地被植物应用，也可以将它的枝条牵引到栅栏上。

Rosmarinus officinalis 'Dancing Waters'

迷迭香‘浪花’

科别 / 唇形科
原产地 / 地中海沿岸地区
类型 / 常绿灌木
花期 / 2—10 月
花径 / 约 0.8cm
花色 /
株高 / 20 ~ 40cm
宽幅 / 15 ~ 30cm
耐寒性 / ●●● 耐阴性 / ●○○
耐热性 / ●●○ 耐闷热性 / ●●○
光照需求 / ●●● 水分需求 / ●●○
繁殖方式 / 扦插
栽种时期 / 4—5 月，9—11 月

【特征】一种常见的香草，全株都散发着浓烈的香味，可用于烹饪，为食材增香添色。喜欢光照良好的通风处，成株会四季开花。
【花园应用】迷迭香有直立生长的品种和匍匐生长的品种。匍匐生长的迷迭香常被用作地被植物，将它种在高处任由枝条垂坠下来也很美。

Fragaria vesca

野草莓

科别 / 蔷薇科
原产地 / 欧洲、亚洲、北美洲
类型 / 常绿宿根植物
花期 / 4—6 月
花径 / 约 1.5cm
花色 /
株高 / 15 ~ 25cm
宽幅 / 20 ~ 60cm
耐寒性 / ●●● 耐阴性 / ●●○
耐热性 / ●●○ 耐闷热性 / ●●○
光照需求 / ●●●
水分需求 / ●●○
繁殖方式 / 分株、播种
栽种时期 / 3—5 月，10—11 月

【特征】株型较小，具有浓香，一般在春季开花，部分品种也会在秋季开花，花后结果。有的品种会生出走茎，可以通过走茎繁殖。
【花园应用】除了常见的绿色品种外，还有花叶和金叶品种，可以作为彩叶植物栽种于开花植物旁边。

Muehelenbeckia axillaris

千叶兰

科别 / 蓼科
原产地 / 新西兰 类型 / 常绿灌木
花期 / 7—8 月
花径 / 约 0.5cm
花色 /
株高 / 20 ~ 30cm
宽幅 / 可不断延伸
耐寒性 / ●●● 耐阴性 / ●●○
耐热性 / ●●● 耐闷热性 / ●●○
光照需求 / ●●● 水分需求 / ●●○
繁殖方式 / 扦插、播种
栽种时期 / 4—6 月，9—11 月

叶形独特的品种

花叶品种

【特征】紫红色的纤细枝条上生长着小小的圆形叶片，既耐热又耐寒，非常强健。近年来有各种叶色、叶形不同的品种在市面上流通，大大增加了可选择性。
【花园应用】千叶兰生命力旺盛，生长过程中可能会覆盖住其他植物影响它们的正常生长。因此，地栽时最好不要在它周围种植其他植物，并且经常为其修剪枝条。应用于组合盆栽时，可以让它的枝条自然下垂，非常好看。

修剪

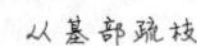

后 记

如果要问造园时最重要的是什么，或许答案应该是用长远的眼光来规划花园。

植物出现在地球上的时间，比人类要早得多，它们经历过无数次生存危机，在岁月的洗礼中慢慢进化，直至今日依然在不断演变以适应现有的生存环境。我们在花园中种下的植物，也是在逐渐适应这里的环境后才能一天天长大的。如今，我们可以轻松搜集到在世界各地培育的植物，但它们对生长条件的要求和日本的环境并没有那么契合。说句实话，很多植物都不能在我们的花园中生长得很好。正因如此，我们才会试着挖掘一些古时就在日本栽培过的植物，希望将它们融入我们的花园里。这虽然看上去有点理想主义，但也很值得期待。

造园是一个和植物沟通的过程，这就需要我们有足够的想象力和创造力。

想要了解植物对环境的喜好以及它们的生长状态，仅仅靠询问他人或者从书本上学习有时候并不够，还需要我们在一次次尝试和失败中积累经验，建立自己对植物的理解。不要因为植物长

得不好就轻言放弃，要保持探索精神，在不断尝试的过程中试着去理解它们，如此一来，等到开花的时候你就能收获满满的感动。这种由心而发的情感不论对于大人还是孩子都值得细细品味。

花园里每天都在发生着各种各样的事情，为我们的日常园艺生活带来了许多不确定性与惊喜。如果你也有花园，也请与我们一起用双手呵护花园里的植物，书写自己的花园故事吧！

黑田健太郎、黑田和义

图书在版编目（CIP）数据

与大师一起造园：四季花木搭配手册 /（日）黑田健太郎，（日）黑田和义著；花园实验室译 . — 武汉 : 湖北科学技术出版社，2022.2

ISBN 978-7-5706-1771-5

Ⅰ . ①与… Ⅱ . ①黑… ②黑… ③花… Ⅲ . ①造园学—日本—手册 Ⅳ . ① TU986.631.3-62

中国版本图书馆 CIP 数据核字 (2022) 第 010822 号

与大师一起造园：四季花木搭配手册

YU DASHI YIQI ZAOYUAN: SIJI HUAMU DAPEI SHOUCE

责任编辑 : 魏　珩

封面设计 : 胡　博

督　　印 : 刘春尧

翻　　译 : 药草花园　陈思嘉　刘佼佼

出版发行 : 湖北科学技术出版社

地　　址 : 武汉市雄楚大街 268 号湖北出版文化城 B 座 13—14 层

电　　话 : 027-87679468　　邮　　编 : 430070

网　　址 : http://www.hbstp.com.cn

印　　刷 : 湖北金港彩印有限公司　　邮　　编 : 430040

开　　本 : 787×1092　1/16　　印　　张 : 9

版　　次 : 2022 年 2 月第 1 版

印　　次 : 2022 年 2 月第 1 次印刷

字　　数 : 200 千字

定　　价 : 68.00 元

（本书如有印装问题，可找本社市场部更换）

更多园艺好书，关注绿手指园艺家

《怀旧杂货花园》
用杂货打造一座凝聚旧时光
的美好花园。

《壁面花园》
用植物与杂货的组合，
打造层次丰富的立体花园。

《自然风格花园》
用植物与杂货的组合，
打造层次丰富的立体花园。

《大师改造课：小花园设计与改造》
丰富的 DIY 案例，精彩的改造教程，
伴你开启造园之旅。

更多园艺好书，关注绿手指园艺家

《四季创意组合盆栽》

时令花材 × 搭配妙法，

打造浓缩四季之美的迷你花园。

《新手养花大全》

零基础养花，

新手不用愁。

《花园 MOOK 特辑 · 花园日志》

顺应时节，莳花弄草，

收获多彩的花园生活。

《花园 MOOK 特辑 · 花坛设计》

小花坛，大梦想，

用心与梦构筑的创意空间。